馬の自然誌

J.E.チェンバレン［著］

屋代通子［訳］

築地書館

HORSE
How the horse has shaped civilizations
by J. Edward Chamberlin

Japanese translation rights arranged
with United Tribes Media Inc.
c/o Books Crossing Borders, New York
through Tuttle-Mori Agency, Inc., Tokyo

Japanese translation by Michiko Yashiro
Published in Japan by
Tsukiji-Shokan Publishing Co., Ltd., Tokyo

馬の自然誌

目次

第1章

霧の中から
——アメリカの馬と人

雪は、一二月の初めから二月の終わりまで、毎日降り続いた。ロッキー山脈北部では珍しいことだった。気温は連日氷点を一〇度も下回ったが、こちらはさして珍しい話ではない。一九三二年から三三年にかけての冬は、誰一人として経験がないほど厳しいものだった。誰一人として――ビッグバードを除いては。

ビッグバードは牝馬で、その名前は先住民の伝説にちなんでいた。葦毛の体は大きく、年老いてほとんど白馬のようになったビッグバードは、古い古い昔話を覚えていた。何千年も前の冬の話、あまりに昔で、ただそういう日があったという以外細かいことはすっかり忘れ去られたような遠い冬の物語も覚えていた。その頃、氷に閉ざされていなかった大地で、はたして冬は終わる時がくるのだろうかといぶかりながら、人間とウマとが初めて友情を結んだのだった。

この場所は、当時はまるで違って見えた。森はまだ大地をすっかり覆い尽くしてはおらず、谷もこれほど深く切れ込んではいなかった。そこらじゅうに動物がいた。毛深いマンモスや気難しげなサイ、大きなクマや小さなラクダに敏捷なアンテロープ（レイヨウ）、長い牙の目立つトラや抜け目ないオオカミ、毛むくじゃらのバッファローにつややかなビーバー、そして悪賢いキツネ。あの頃はもっとずっと遠くまで見えた。そしてウマは、大型のネコやイヌ――トラとオオカミ――に追いかけられれば駆け回ることもできた。どの生き物も、ほかの生き物の動向に目を光らせ、厄介事の兆

しはないか、いつ誰が食べ、誰が食べられるのかを見守っていた。どの生き物も、ほんの皮一枚のところで命をつないでいた。

やがて、ウマの一部がその土地を離れ、ツンドラを横切ってアジアへの入り口であるベーリング地峡を渡った。ベーリンジアは南北が八〇〇キロ以上に及び、シベリア中央部からユーコンの西にまでわたる地域だ。ここは、もっとも冷える時期でも丘の上以外は凍らず、多くの動物を養った。移動したウマたちはアジア全域に広がり、一部が草原地帯《ステップ》を越えてヨーロッパに入った。一方、別の一群は、南下してインドやアフリカに向かった。ただどこへ向かうときでも、ウマは山々の合間を縫い、サヴァンナを流れる川をたどって進んだ。

アメリカ大陸にとどまったウマは死に絶えた。その原因ははっきりとはわかっていない。厳しい寒さのために死んだとは考えにくい。移動していった先のもっと厳しい気候にも生き延びているからだ。世界が温暖化し森林が増えたとき——ウマも人間と同じで逍遥を好む——ふらふらとさまよい歩いて肉食動物の恰好の餌食になったのかもしれない。あるいは、餌にしていた灌木や草、漿果《しょうか》が乏しくなったのかもしれない。さもなければ、棒きれを投げたり矢じりを吹いたりするのに長けた人間が食糧を手に入れる必要に迫られ、ウマを狩ったのかもしれない。ウマが絶滅するのにさしたる時間はかからなかっただろう。それは草原バッファローやニシマダラの例で実証済みだ。

原因はほかにもあったかもしれない。

いずれにせよ、少なくとも一万年の間は、アメリカ大陸にウマはいなかったといわれている。しかしやがてウマは遠い始祖の地に戻ってきた。スペインの帆船につながれて。それより以前、危険を冒して大西洋を渡ってきたヴァイキングの荷船につながれてやってきたのだとする説もある。


そして今、このとりわけ厳しい冬に立ち向かわねばならなくなっている。ひょっとしたら、アメリカ大陸に戻ってきたのは間違いだったのかもしれない。一九三二年の秋、ビッグバードはフクロウの悲鳴を聞き、飛んでいくカラスの翼が斜めにあおられるのを見ていた。インディアンたちが罠で捕らえたキツネやビーバーの皮は、いつもの年より重かった。だから、この冬が厳しいものになることを、ビッグバードはとっくに知っていた。だがそれにしてもひどすぎた。雪はどこまでも深く、飼料になる草はまず見つからない。多くのウマが吹きだまりから出られなくなり、凍死した。

その後に訪れた一九三三年の春は、冬を耐え抜いたものたちには天からの祝福のように思われた。牧草地から山裾にまで垂れこめた朝靄の中から、ビッグバードが現れた。すっかりやつれて肢を引きずっている。それはひどい落ちぶれ方だった。ビッグバードは堂々たる姿で優雅に動き回るのが自慢だったのだ。農民がよく言うように、早駆けすると張り切った尻が見えた。

それがいまや首から鈴をぶらさげ、足元はよろめいて、まるで乳牛にでもなってしまった気分だった。

けれども再び追憶が始まり、今度はさらに昔、五〇〇〇万年ほど前のことを思い出していた。年寄りたちが話していたのを耳にしたことがあったのだ。その頃、一番最初の祖先たちが、歴史の幕開けに、朝靄の向こうから現れた。その場所も、ちょうどこのあたりだった。そのウマは、アケボノウマ《エオヒップス》と呼ばれた。小型で肢が短く、足指があり（前肢に四本、後肢に三本）、歯は葉を食むには適していたが、固い草を咀嚼するほど強くはなかった。そして彼らは、キツネのようにつま先でこっそりと歩くのだった。エオヒップスが登場したのは恐竜が絶滅した頃で、その生態系のニッチェに入り込んだのだ。これはうまくいき、彼らはほかのウマ族たちとも仲良く付き合って栄えた。

エオヒップスは『くまのプーさん』の物語に出てくるロバのイーヨーによく似ているが、なくしたのはイーヨーのように尻尾ではなく、足指だ。当初エオヒップスとその仲間は熱帯雨林や沼沢地に棲みついていたが、そこがサヴァンナに変わると、彼らが身を隠せる場所はなくなり、あとには、駆け回るには都合のいい開けた土地が残った。そこで指は、ゆっくりとだが確実に失われていき、くるぶしの上あたりまでの骨の先に、扁平な足部がついただけになった。エオヒップスがメソヒップスに、ついでメリチップスに、さらにはプリオヒップスへと進化するにつれて肢は長くなり、足は速くなり、背は高くなり、蹴る力は強くなって、やがて進化の迷宮からウマ属エクウスが登場した。

低木や灌木の茂みが草や穀類に取って代わられると、ウマ属の歯も長くなり、セメント質に覆われて、むしゃむしゃと噛むよりも、噛み切ってすりつぶすのに向くようになった。ちょっとしたことで驚く性質は当時のウマ属には大きな利点だったが、ビッグバードが思うに、それは今でも変わらず、捕食者がいないか常に目を光らせ、耳を澄まし、匂いを確かめているのだ。頭部は大きくなり、目は、ウマより大型の、ゾウやクジラといった哺乳類よりも大きく、感情豊かになった。耳はあらゆる方向に動き、鼻は厄介ごとも、発情しているウマもいち早く嗅ぎつけられるように発達していった。このウマたちは、アメリカで人間の伝説が始まる前、アメリカに人類が現れる以前から、すでに伝説だった。

小川の向こうから、ミンディ・クリスチャンセンの耳に最初に届いたのは、ビッグバードの首の鈴の音だった。ついで、ずんずんというような足音がしだいに大きくなっていった。やがてウマが見えてきた。全部で一七頭、年老いた葦毛の牝馬に率いられてくる。ウマの群れを先導するのはたいていはメス――現代の英語では mare が牝馬を意味するが、古英語では mearh

がウマを意味した——で、牡馬はたいてい周囲を警戒しながら群れの最後尾を歩くものだ。ただ、この群れには牡は残っていなかった。

ビッグバードの前肢は柔らかな綱でくくってあった。綱のより糸を一度三本にほどいてまっすぐ束ね、端を結んで片肢のつなぎに巻きつけてから、ねじって長さを調節し、反対の肢のつなぎを一周させたうえでより糸の間を二度くぐらせてある。ほかのウマはボビー・アタッチーといっしょに、ビッグバードの後ろをついてきていた。ボビーはデュン＝ザ氏族の出身で、ミンディはデュン＝ザ氏族の人々をビーバー・インディアンと呼んでいた。彼らはナバホ族やアパッチ族と近く、マッケンジー川の北に住むグウィッチンやチプウィアン族と同じように、いずれもアサバスカン語族の言葉を話す。ボビーはウマを愛し、暇さえあればフォート・セント・ジョンにロデオをやりにいっていた。だが今年はそんな時間はありそうもなかった。

ボビーはピース・リバー流域に住んでいた。そこはユーコン川流域でアラスカへの途上にあり、ずっと昔、ふたつの部族の休戦を期して平和の川と名づけられた。尾根があって、そこからはやがて三本の川になる源流を見ることができる。三本は思い思いの方向へと流れ、やがてそれぞれに、太平洋、北極海、大西洋へと流れ込むここそ、人間とウマが何千年も前に、初めて出会った場所だった。

群れが近づいてくるのを、トラックを停めた場所のそばから見つめていたミンディ・クリスチャンセンは、前年の春、カナダ・インディアン保護局の管理官に任じられていた。ウマについてなら知り尽くしていたし、先住民に関しても多少のことは知っていた。この地域の冬が非常に厳しかったことも噂に聞いていた。だが、彼が実際に目にした様子は想像していたよりずっとひどかった。彼がオタワの本部に送った報告書にはこうある。

一九三三年六月。ビーバー族に属する氏族の一団の先住民は一七〇人。彼らはぎりぎりの困窮状態にある。たくわえはほぼ底をついている。本官はいまだかつて、これほどの困窮状態にある先住民を見たためしなし。彼らのもとで過ごした二日の間、絶え間なく雨が降ったが、彼らはテントすら持っていなかった。まともな状態のティピーが全体で二、三しかなく、ほかに雨露をしのぐものといったら、柳の木にかけた布きれだけで、その下で年寄りや子どもがうずくまっていた。衣服も充分でなく、子どもの中にはほぼ裸に近い者もいた。調理器具も持たず、二月には寒さのために全員が病気になった。彼らは前年の夏以来アメリカへラジカの肉で飢えをしのぎ、時折小麦粉を口にすることができた。茶もタバコもない。二〇〇頭からのウマが死んだ……

当時のアメリカ合衆国政府は、これとはまた別の惨事、多くの先住民とウマを死なせた災害の対応に追われていた。厳しい季節は一冬限りではなかった。五〇回にわたり過酷な夏と冬が続いていたのだ。一九二〇年代の終わりに、合衆国政府は政府調査研究所（のちのブルッキングス研究所）に、一八八七年制定のドーズ法——いわゆる「遊んでいる」土地を農耕地として開拓することを奨励するための法律——が招いた荒廃を打開するための勧告を委嘱した。この立法は先住民を伝来の居住地から追い立て、部族を解体し、人々を路頭に迷わせることにつながった。綿密な調査を重ねた末にルイス・メリアムが中心となってまとめた報告書は、半世紀にわたるインディアン政策が重大な責務を放棄してきたことへの憤りにあふれたものだった。居留地割り当て政策を厳しく批判し、土地と資源とに権限を持つ先住民政府をもう一度設置することを提言していた。そして土地に根差したコミュニティがいかに力を持つか、さらには先住民社会であれ非先住民社会であれ、精神と物質とが互いの価値を尊重し合うことの重要性をとうとうと述べ立てていた。

一方で報告書は、その処方箋に関しては徹底して実利的で、そのため、数ある部族の中でも最大でもっとも力を持つナバホ族の現状を記述するのに、ウマの存在をすっかり失念していた。というよりも、完全に失念していたわけではなく、九〇〇ページ近くに及ぶ報告書の中で、たったの一項で片付けようとしたのだった。その項目の小見出しは「無用なウマ」だった。

無用とは。農地で働くウマ、馬車を引くウマ、人々を運び、家畜を追うウマを無用とは。北部の平原では、生活に欠かすことのできない糧であり神聖なる生き物であるバッファローを狩り、コマンチ族、ネズパース族、ブラックフット族をはじめ平原で暮らす多くの先住民に新たな行動の自由をもたらし、カウボーイにも先住民にも、ひとしく夢を与えたウマたちであったのに。それはこのウマたちが、草原で野生の草を食み、生活の直接の糧とは決してならず、単なる特権でなく支配権を象徴するものだったからだ。ナバホ族の人々にとっては、ウマは手軽で役に立つ生活必需品ではなく、新鮮な空気と呼吸する自由とをつなぐ約束、美と善と気高さの象徴だった。

そのためにメリアム報告の執筆者たちはすっかり混乱したのだった。彼らはナバホにとってウマが有用であり同時に無用であることを、だからこそ極めて重要な存在であることを理解していなかった。ナバホはもう何世紀も前に、ツンドラの大地、北の森林地帯に住むアタパスカ族から分かれて乾いた南西の草原へとはるばる旅してきた人々だ。彼らはデネ族、すなわち真正の人間であり、従来大規模な牧場でウマを飼育していたスペイン人たちと出会って、牧場とウマの両方を取り入れた。南へと下る途中に、ナバホはウマを見知っていたが、それはスペイン系の牧場から逃げ出して野生化し、西部の伝説になっていたムスタングだった。ナバホはムスタングを飼いならし、何千年も昔、アジアやヨーロッパやアフリカの草原を駆け巡った民と同様、ウマを知る前とは違う存在になっていた。

メリアム報告がよくある政府への勧告と違っていたのは、実行に移されたことだ。ニュー・ディール政策のもとで制定された画期的な「先住民再組織法」は、ミンディ・クリスチャンセンがカナダのピース・リバー郡で滅びつつある二〇〇頭のウマの命運に頭を悩ませていたのとほぼ同じ頃、アメリカ連邦議会を通過した。この法は疑う余地なく進歩的な立場で編まれ、地

ナバホ族のチキン・ファイト。トゥシレ・アワ作　1925年から1930年頃

域社会の再生と地域経済の活性化を目指していた。ナバホ族に対応する米国の改革派の役人たちにとっては、五〇年に及ぶ白人地主の専横を覆し、ナバホの生活には欠かせないヒツジとヤギを維持していくための新たな放牧が実践できるようになることを意味した。これに伴い、家畜縮小プログラムが提唱された。これは「ヒツジ単位」なるものを基礎に行われることになった。すべてを、特に役に立たないウマを、ヒツジあたりの換算で数えようというのである。一頭のウマは平均してヒツジ

五頭と同じだけの草を食べるので、ウマ一頭はヒツジ五頭と等価になる。この計算では、死んだウマだけがいいウマだった。

これはナバホの人々には耳なれない話ではなかった。ナバホの人々もまた、牧草地の状態はわかっていたし、放牧する家畜の数を制限する必要も感じてはいた。なんといっても彼らは、数千年の歴史を生き抜いてきたのだし、乾いた南西部で数百年も暮らしてきた人々だった。ただ彼らは、自分たちのアイデンティティを手放すことは拒否した――すべてをヒツジに換算して数を調整できるというような矮小な考え方によって、自分たちのプライドを踏みにじられることは拒絶したのだった。当時ナバホ族居留地の管理官だったリースマン・フライアは、のちに、たったひとつの言い回し、「ヒツジ単位」なる言葉が、あの苦難と犠牲を伴うときにあって、何よりもナバホの人々を深く傷つけたのではないかと語っている。連邦政府はナバホの人々に、たった一頭でヒツジ五頭分に値するウマを駆り集め、売るか処分するかするように迫った。ナバホ族はノーと答えた。

ナバホ族が家畜縮小プログラムを拒絶し、ヒツジ単位を受け入れなかったのは、単にウマだけが要因ではなかった。けれどもウマがその中心にあったことは確かで、ウマを役に立たないぜいたく品であり、公益に反し、ニュー・ディール体制にあるアメリカの経済倫理にもとると見なす人々への、ナバホ族の抵抗の象徴だった。

このようなにらみ合いの理由は、おうおうにして役人の無知に帰せられる。改革案の担い手たちがナバホのことをもっと理解してさえいたなら、先住民政府のことを、土地管理を、ウマを理解してさえいたなら、と。ところが実際には、担い手たちはそうしたことをすべて実によく知っていたのである。ナバホ族のことも、ナバホの土地のことも。先住民政府の再興と放牧地保護につながる改革、そして、百害あって一利なしの「ヒツジ単位」を導入した責任者は、ジョン・コリアといい、一九三〇年代に先住民問題担当の長官となってメリアム報告を実行に移した人物である。彼は弁舌巧みな社会事業家で、ニューヨークの人民協会で教鞭をとり、プエブロ族とともに暮らし、断固として、先住民が自己決定すべきという立場をとり、彼らの文化の多様性を尊重していた。

だからこそ、彼はもう一歩、踏み込んで理解しているべきだったのだ。ウマがインディアンにとっては、日々の利便性とはまったく別の次元で重要な存在であることを。彼は、幅広い文献を読み、ナバホの人々が語るウマと英雄の物語に耳を傾け、彼らが日々をやり過ごす手立てを教わっていたのだから。

しかしコリアは、彼がもっともよく知り、信じていたはずの物語を失念していた。彼はニューヨーク公共図書館と人民協会のグレート・ブックス・プログラムと、そこから発展したコロンビア大学のプログラムの発展に尽力したし、全国的な教養運動にも参与していた。どのプログラムにもウマの物語が数多く含まれていた。グレート・ブックスには、「大宛《フェルガナ》の汗血馬」を称えた中国の古典が挙げられていて、そこには、秦の始皇帝のために地下に造られた兵馬俑に、陶製の兵士や戦車のほか、六〇〇を超す等身大のウマの像が収められたことが記されていた。あるいはまた、背中にヒョウのような白黒の斑点模様のあるアパルーサ種のウマを詠ったペルシャの詩、騎士道精神——この語 chivalry 自体、フランス語の「馬」にあたる単語 cheval から来ている——を唱道した中世のアーサー王の物語などもブックリストにあった。そしてコーランでは、ウマの繁殖と調教の規則が明かされ、ウマに大麦をやるごとに、アラーは罪をひとつお許しになるとされていた。預言者ムハンマドは、天に召されるときウマに乗っていたという。

グレート・ブックスにはまた、西洋文学の古典もあった。トロイアが包囲され、略奪されたあと、ギリシャの英雄アキレウスは、親友パトロクロスを殺したトロイアのヘクトールを討って、その遺体を戦車につなぎ、パトロクロスの火葬場まで引きずっていったという。アキレウスはヘクトールの亡骸をその場に放置し、犬や鳥に食われるに任せた。だが亡骸の尊厳を保とうとする力も働いていた。美の女神アフロディーテが神の食べ物《アンブロシア》を軟膏としてヘクトールの体に塗り込み、アポロは遺体が腐らないように太陽を遠ざけた。ついにはゼウスの命——と、多額の賠償金——で、アキレウスは遺骸をヘクトールの父親に返したという。

「このようにして、ウマの調教者たるヘクトールの葬儀が営まれた」——この記述をもって、ホメロスの叙事詩『イーリアス』は終わっている。ヨーロッパとアジア、アフリカとをまたにかけたこの物語は、戦いに敗れ、命を落とした者にも、尊厳が約束されることを記している。

決して「五〇〇ヒツジ単位に相当するヘクトール」などではなく、あくまでも「ウマの調教者たるヘクトール」なのだ。

それはみんな大昔の話、と人は言うかもしれない。けれどももちろん、そうではない。調教者ヘクトールはボビー・アタッチーとなり、ビッグバードやそのほかのウマを引き連れて、谷を下り、霧の中から今の時代へと歩み出してきた。ボビーはウマの価値を知り尽くしていた。この道の先にあるフォート・セント・ジョンでは、ウマを家畜小屋に預けるとホテルで一泊する二倍はかかる（……と言っても、ボビーはそのどちらもしたことはなかったが）。人間がそうであるように、ウマは役立たずでありながら、同時に値段をつけられるものではないことを、彼は知っていた。

ただ、今のボビーには、そんなことは問題ではなかった。ウマの調教者ヘクトールさながら、ボビーが望んでいたのはただ、ビッグバードとその群れが、夏まで生き延びてくれることだった。

ウマたち、とりわけビッグバードは、こんなふうに縄で肢をくくられて歩かされるのを気に入ってはいなかった。とはいえ、土砂崩れや冬枯れのせいで群れは何日もろくに食べておらず、ボビーが足縄をつけたのは、群れが谷に入り込みすぎて生えたばかりの草を食べ、疝痛《せんつう》を起こすのを恐れているからだとビッグバードにもわかっていた。ウマは驚くほど頑強だが、腹痛ひとつで簡単に命を落とす。ウマの腹痛も人間の腹痛と同じように疝痛といい、ウマが病気で死ぬとしたら、どんな病気より、腹痛が原因となることが多い。

ウマの歴史は消化と消化不良の歴史だ。ウマの生涯はえてしてそこで決まる。ウマは体の大きさに比して胃が小さく、人間同様、胃が空っぽだと不快に感じる。そこでウマは、一度に食べる量は多くはないものの、可能でさえあれば始終何か食べている。大食いの人のことをウマにたとえるのはこのためだ。

ウマの消化器官は強く、木の皮でも漿果でも木の実でも葉でも、たいていのものをこなせる。だがウマの消化器官は一風変わっていて、息をするのと食べるのとを兼務している。そのためにウマは嘔吐することができない。

そこで、未消化の塊を吐きもどして「反芻」できるウシと違って、ウマの消化は一発勝負だ。食いちぎり、かみ砕き、呑み込み、消化する。時には消化できない。そうなると問題だ。ウマにとって消化不良は一大事なのである。食べすぎたり、運動のあとに飲みすぎたりすると消化不良を起こしやすい。寒い外に長い間いたり、一日の食事量が突然変わったりする（一九三二年から三三年にかけてのような厳冬のあとならなおさらだ）のも原因になるし、寄生虫によって引き起こされることもある。特に危ないのが、植物の毒だ。ビッグバードの暮らす土地ではヒエンソウとロコ草とルピナス、それにヒナユリの仲間が命取りになる。ほかにも、競馬場あたりで噂に聞く有毒植物はいくつかあるが、それもこれもすべては、ウマが嘔吐できないためだ。

ウマの疝痛の治療は、さまざまな文化に共通の方法をみることができる。胃にたまったガスを抜くため、穴を開けるか、口や肛門から管を通す、あるいは解毒剤を飲み下させるのだ。カブやタデ、ニンジンの葉などを煎じたものが、草原に住むインディアンが好んで使う解毒剤で、一方ユーラシア大陸のカザフ族は、昔から干したヘビの皮を水に溶いて飲ませる。それ以外では、鉱物油を使ったり、地方によってその地方の獣医（あるいは牧場主）だけが知る秘伝の薬もあるだろう。

ボビー・アタッチーは一頭たりとも疝痛で失う気はなかったし、ましてビッグバードを死なせたくなかった。ビッグバードは飼うには楽なウマだったが、先祖はフランス、ノルマンディー地方で、ペルシュロン種のウマを産み出したラ・ペルシュ地方の産という特別な存在だった。フランスは太古の昔、地中深い洞窟の壁に人々がウマの絵を描いた国であり、シャルルマーニュ（カール大帝）の時代、騎士が重種馬を用いた土地であった。その重種馬はのちに北ヨーロッパやアフリカ、とりわけノルマンとアラブ種のウマと交配され、世界有数の荷役馬、ペルシュロンが作られた。ペルシュロンは一九世紀にアメリカ大陸に持ち込まれ、瞬く間に広まった。一方、故国フランスでは、一八八〇年代には一万五〇〇〇頭のペルシュロンがパリの乗り合い馬車を引いていた。大きな体型に似合わず、ペルシュロンは重種馬としては驚くほど優雅な動きを見せる。

フランス、ラスコー洞窟の壁画

ビッグバードはこのペルシュロンの特性を備えているだけでなく、もう一方の系統にスペイン、アンダルシア馬の血が入っていた。アンダルシア馬はもともと、バルブ種——バーバリ海岸地方産のベドウィンの馬——と、もとをたどればアブラハムの息子にして、これもまた伝説の調教師、イシュマエルにまでさかのぼれるアラブ種との交雑種だ。

一八世紀の哲学者ジャンバッティスタ・ヴィーコが言うように人間が歩く前に踊ったのだとしたら、アンダルシア馬はおそらく、ウマとしてはもっとも人間に近い存在だろう。アンダルシア馬は高等馬術学校《オーゼコール》の馬場における優美な動きで有名になり、リピッツァナー（一二五〇年前にウィーンのスペイン乗馬学校で産み出された）やクラドルーバー種（ルドルフ二世の命により一五七九年にボヘミアに作られた、世界でも最古の部類の厩舎で交配された）、ルシターノ種（ポルトガルの闘牛に使われる）など、多くの系統を産み出した。

アンダルシア馬はスペイン人とともにアメリカ大陸にやってきて、ここでも、クォーターホース、ムスタング、アパルーサ、アルゼンチンのクリオロなど、多くの子孫を産んだ。

ウマを伴ってきたのは、スペイン人だけではなかった。ミンディ・クリスチャンセンのおじは、一八八〇年代にやってきたとき、ノルウェーからフィヨルド種を連れてきていた。フィヨルド種は小型で臀部が大きく、灰茶色でとても古い種だ。その祖先のタルパン種はロシア西部の草原に生息していたが、食用として好まれたため、一九世紀には狩り尽くされて絶滅してしまった。フィヨルド種は使役馬として、もっとも古くからプラウを引いていたウマに数えられる。ヴァイキングにも利用され、ノルマン人は一〇六六年にイングランドに攻め入った際、祖先の知識を活かして海峡を越えてウマを運んだ。一隻の船に一〇頭ずつ、全部で三五〇頭。だからこそ射手は当時としては画期的だった鐙を備えたウマで駆け巡ることができ、ヘイスティングスの戦いでイングランド王ハロルドを打ち破ってヨーロッパの歴史を変えたのだ。

フィヨルド種とアンダルシア馬とアラブ種とペルシュロンはアメリカにやってきたのだが、その実、ウマたちは故郷へ、ウマが地球の歴史で一番最初に現れ出でた地へと帰還したのだった。そしてウマたちは、自らをアメリカの真の住人と称する人々、北の草原に住むデュン＝ザ氏族とサオキタピークス氏族の人々に出会ったのだった。すなわちブラックフット族に。

――彼らはともに、西を目指して陸峡を渡ったいにしえのウマを覚えていた。また霧の――

中から出でて、東へと向かう人々のことも。人々はウマたちよりは勇猛で大胆ではあったが、ウマに劣らず困惑していた。ウマと人がすれ違うとき、彼らはそれぞれに、方角を誤っているのはどちらの方なのかと思いめぐらしたことだろう。「気をつけて！」彼らは互いに声を張り上げた。「大きな川に突き当たったら、左へ曲がるんだ。気が向いたら右でもいい」そうして人とウマはそれぞれの道へ分かれ、歴史へと散っていった。

それから数千年ののち、彼らは再び出会った。ウマは世界を一周し、また進化していた。人はアメリカの大陸全土に行きわたり、偉大な先住民文化を築いていた。人はウマになじみ、ウマは人になじみ、両者はともに変わった。

一九世紀、北部大平原地帯のブラックフット族と同盟していたのは、ブラッド族（カイナイと自称）、ピーガン族（アーパトーシピーカニと自称）、シクシカ族だった。彼らはともに、世界でも有数のウマ文化を築きあげたが、それも極めて短い期間になされたのだった。部族の伝承によれば、ブラックフット族がショショーニ族と戦うため、現在のアイダホ州からユタ州にあたる地方に南下し、戦闘で用いられる大型のウマを目にしてから、たったの一五〇年にしかならない。ブラックフットは手ひどく打ち負かされ、ウマの必要性を痛感したのだった。ブラックフットはまず、ネズパース族からウマを手に入れた。

ブラックフット族には、ウマが「ほんとうは」どこからやってきたのか、物語がちゃんとある。わたしたちすべてに、自分たちにとって重要なものの起源を語る物語があるように。それがつまり創世神話であり、科学の物語であり、彼らの歴史、彼女たちの歴史だ。そうした物語はわたしたちの暮らしに根を下ろし、わたしたちの多くが、そうした独自の歴史を信じている。ウマの起源を伝えるブラックフット族の神話のひとつは、一八八〇年代に書かれた。

昔昔、貧しい少年がいた。少年は欲しいけれども自分が持っていない物を手に入れられるように、秘密の力を身につけようとしていた。少年は居留地から出ていき、山の中や大きな岩のそば、川のほとりでひとりで眠った。さまよい歩いた末、少年はスウィートグラス・ヒルの北東にある大きな湖のほとりにやってきた。湖のほとりで、少年はひざまずいて泣いた。湖には、強い力を持った老いた精霊がいて、泣き声を聞きつけ、少年のところに行って泣いているわけを聞いてくるよう、息子に言った。息子は嘆き悲しむ少年のもとへ行き、父親が会いたがっていると告げた。「どうやって会いに行けばいいんです?」少年は尋ねた。「肩につかまって、目をつぶっていなさい」息子は答えた。「いいと言うまで目を開けてはいけない」ふたりは水の中に入っていった。水中を進みながら、精霊の息子は少年に言った。「父は湖の生き物の中から、おまえが欲しい物を与えようとするだろう。必ず年寄りのマガモとその雛たちを

選ぶがいい」

湖の底の精霊の館に着くと、息子は少年に目を開けるよう促した。ふたりが館に入ると、主が言った。「ここへ来て座りなさい」そして尋ねた。「おまえはここに何をしに来たのか?」少年は、「わたしはとても貧しいのです。ひとり立ちするための秘密の力を見つけたくて、居留地を出てきました」と説明した。すると主は、「よいか、おまえはやがて、部族の指導者になるだろう。何であれ、充分すぎるほど持てるようになる。湖に住む生き物たちが見えるか? すべてわたしのものだ」少年は息子の助言を思い出し、「くだされる限りのものをいただけるのなら光栄です」と答えた。主は望みのものを選ぶよう言った。少年は、マガモとその雛を所望した。主は、「あれはよしたほうがいい。老いて何の役にも立たない」と答えたが、少年は引かなかった。四度頼むと主は折れた。「賢い子だ。館を出たら息子がおまえを岸辺まで連れていく。そこで闇にまぎれて息子がマガモを捕まえるだろう。湖をあとにするときは、振り向いてはいけない」

少年は言われたとおりにした。湖のほとりで精霊の息子は、沼の草を集め、縄をなった。その縄で息子は老いたマガモを捕らえて、岸に引いてきた。息子は縄を少年に持たせ、歩け、だが夜が明けるまで振り向いてはいけない、と告げた。歩いていくと、カモが羽で地面を打つような音が聞こえていたが、やがて羽の音は聞こえなくなった。

さらにすすんでいくと、背後から重い足音のようなものが聞こえはじめ、そこに奇妙な音、動物のいななきのような音が加わった。草をよった縄はいつの間にか生皮の綱になっていた。けれども少年は、夜が明けるまでは後ろを見ようとしなかった。

日の出とともに振り返ってみると、綱の先にいたのは見たこともない動物――ウマだった。少年はウマにまたがり、生皮の綱を手綱にして、居留地まで帰っていった。すると多くのウマがあとからついてきていたのがわかった。

居留地の人々は見たこともない生き物を恐れた。けれども少年は、恐れることはないと伝えた。少年はウマから降り、ウマの尾に結び目を作った。そして居留地の全員にウマを与えたが、全員に配っても少年のもとにはまだ大きな群れが残った。居留地の長老の五人が、ウマの返礼として少年に娘を与えた。さらに人々は、少年に小屋も提供した。

そのときまで、人々とともにいた動物はイヌだけだった。少年はウマをどう操ればいいかをみんなに教えた。ウマを使った荷運びのやり方を示し、乗ったり鋤を引かせたりするには、どうやって調教すればいいかを伝えた。少年はウマに名前をつけた、ヘラジカ犬、と。男たちがある日尋ねた。「このヘラジカ犬というやつは、バッファローを狩るには役に立つのか？」「お手のものさ」少年は答えた。「見せてやるよ」こうして少年は居留地の人々に、ウマでバッファローを追い詰める方法を教えた。彼はさらに、鞭をはじめとする馬具の使い方も伝授した。あるとき、川のほとりで少年の友人たちが尋ねた。「このへラジカ犬というやつは、水の中では役に立つのか?」「水の中でこそ、こいつらは本領を発揮するんだ。何しろ、水の中から連れてきたんだからね」そうしてみんなはウマで川を渡るコツを学んだ。

少年は成長し、偉大なる酋長、人々の指導者になった。それ以来、酋長はみな、多くのウマを所有することになった。

ボビー・アタッチーは南へ向かう旅の途中にこの物語を聞いた。彼が灰色の牝馬をビッグバードと名づけたのは、この老マガモの物語にちなんでいる。

一八八〇年代、世界の様子は今とはかなり違っていたが、それでも冬は冬で、とても厳しいものだった。空気は冷たかったが、ビッグバードらが苦しめられた冬よりは乾燥しており、雪はほんの三〇センチほど草地を覆うばかりだった。ウマも牛も肢を引きずり、積もった雪を漕ぐようにして、進んだ。

充分な牧草がないと、ブラックフットのウマたちは祖先がしていたように、さまよいだして川べりのハコヤナギの皮をかじった。年寄りの中には、ハコヤナギの皮はエンバクよりいいと言う者もいた。どちらがいいかウマに尋ねてみた者はいなかったが、いずれにしてもウマはヤナギの樹皮を食べた。条件のいいときには、ウマは体重の二パーセント程度食べる必要がある。

平均的なウマでおよそ一〇キロだ。食べ物を探すのは、ウマにとって一日仕事なのである。

そのうえ、ウマはとにかく水分を摂らねばならない。一日三・八リットルは必要だ。春と夏には、新鮮な草にかなりの水分が含まれるが、冬となるとそうはいかない。水もたいていはなかなか見つからない。ところが水を探すとなると、ウマには特別な才能がある。水場が地下に隠れているのは、世界中どこでも見られることだが、ウマはそういう場所をひづめで叩いて教えてくれる。ウマは水脈探知者、つまりは命の源を見つけることのできる存在だ。水場を見つけるや、ウマはポンプさながらぐいぐいと吸い上げて、レーシングカーよりも速い勢いで飲んでいくのだが、暑いとき、腹具合が悪いときや、穀物を食べすぎたときなどは、これが厄介の種になることもある。

ウマはしばらくの間なら、食べ物も飲み物も、これより少ない量でも耐えられる。実際モンゴルのウマは食料も水もなしに、何日も過ごせることで知られている。ブラックフットのウマも頑丈ではあったが、モンゴルのウマほどではなかった。彼らは頑丈というより、禁欲的なのだった。ウマはすべからく禁欲的だ。人間と違ってウマはまずめったに不平を言わない。ぐずぐずと泣き言をいうのは捕食者で、たとえばイヌやネコは、ちょっとでも不都合があると吠えたり物悲しげに啼いてみせたりする。ウマは常に狩られる側なので、ひたすら音をたてないようにふるまうものだ。補食者に自分たちの存在を知らせるのは、死刑宣告と同じだからだ。

ブラックフット族には、ウマの由来を語る物語がいくつかある。先に述べた老マガモの物語

ブラックフットの戦争儀式に用いられるウマの像

や、大昔からウマに乗っていたショショーニ族やネズパース族が絡んだ話、そしてもうひとつ、もっと古くからある物語は、地面を覆っていた氷が解け、大地が乾いたあと、ウマが水の中から現れてブラックフットの人々とともに暮らすようになったというものだ。ただこのウマは小型で、キツネかウサギほどの大きさしかなく、乗ったり荷を引かせたりすることはできなかったし、その頃の人々は労役にはイヌを使っていた。科学者の示すウマの来歴も矛盾が多く、ブラックフットの神話のように必ずしもすべてが一貫しているとはいえない。

ブラックフットに、集団でする狩

りを教えたのはオオカミとイヌだった。その様子は今も夜空に見ることができる——マコイヨーソコイ（オオカミの道）、つまり天の川は、力を合わせて働く大切さを人々に思い出させてくれている。オオカミはそのとき、ひづめと角のある動物は食べてもいいが、鉤爪のある動物に手を出してはいけないと諭した。ウマはこの話に賛同しないだろうが、大型のウマを手にしたブラックフットがこれをポノカオミタイ゠クシ（ヘラジカ犬）と名づけたことには満足し、聖なる儀式にヘラジカの枝角が用いられることを誇りとした。

ウマ呪《まじな》い（ポノカオミタイ・サアム）はブラックフットの呪い儀式のうちでももっとも強力なもので、その中心がホース・ダンスだ。この儀式はシャクヤク、ルイヨウショウマ、ヨモギといった薬草を用い、これによって人もウマも健康な状態に戻る。ブラックフットには、ウマは人を生かし、死に立ち向かわせる、という諺がある。ムハンマドが馬を駆って天に召されたように、ブラックフットの指導者たちも、お気に入りのウマにまたがって精霊の世界に戻るのである。

一九世紀の初め頃までには、ウマに関するブラックフットの技術は精緻を極めていた。鞍や頭絡といった馬具は色彩豊かに編まれ、戦争にも、日常用にも、もちろんさまざまな儀式にも使われて、彼らの文化の一部となった。そしてブラックフットには、ウマの毛並みを表す語が一〇〇以上もある。中央アジアのカザフ族は、現在でも世界有数の馬文化の民だが、こちらは鹿毛を表すだけでも六二もの言葉があるという。英語圏の人間は、色に関してはそれほど創造力豊かではないものの、うなじ、首、管《かん》、球節《きゅうせつ》、夜目《よめ》、尻、尾根、後膝《あとひざ》、脛、飛節《ひせつ》、繋《つなぎ》、蹄冠《ていかん》と、ウマの体の部位を細かに言い分ける言葉には事欠かない。

ブラックフット族には、ウマの物語や歌も豊富にある。ブラック・ビューティの物語――子どもたちのために揺り木馬まで作る――やシービスケットの物語――ブラックフットは競馬が好きで、強い競走馬は高く評価された。

わたしの祖父ジョン・カウドリーは一八八〇年代、アルバータ州南部のブラックフットの居留地に入り、そこでクロップ・イヤード・ウルフ、またの名をカイナイと親しくなった。

クロップ・イヤード・ウルフは速いウマが好きで、長く乗っていても疲れないように鬐甲《きこう》（首と肩と背中の交わる部分。肩甲骨の間の隆起部）が高く、尻（背中の端、腰から尾根にかけての線）が長く平らで耐久性があり、カウボーイがグルージャと呼ぶ青毛のウマを特に好んだ。クロップ・イヤード・ウルフによると、この毛色のウマはほかより頑丈で、北部大平原の苛酷な寒さや暑さにも耐えられるのだという。砂漠に住むアラブ人も葦毛、ことに野生のハトの色の馬を好む。

しかしクロップ・イヤード・ウルフが愛してやまなかったのはウマを盗むことで、彼は実に巧みな馬盗人であり、仲間内では英雄視され、外部の人々からは敵視されていた。彼は時折、自分はスー族やショショーニ族の苛酷な使役からウマを解放しているのだと自賛することがあった。一方で、権力の象徴であるウマを数多く所有している自分の力に酔うこともあった。どのくらい多いかといえば、クロップ・イヤード・ウルフの前の酋長は駁毛が好きで、五〇〇頭以上持っていたという。

クロップ・イヤード・ウルフはそのときちょうど、はるばるイエローストーン川まで出かけ、フラットヘッド族とクロー族からウマを四〇頭盗んで戻ってきたところだった。ただ、時代は転換期にさしかかっていた。カナダとアメリカ合衆国の国境線が探査され、国境をまたいだ窃盗行は国際問題に発展した。さらにまた、ブラックフットの土地に一〇年前から北西騎馬警官が配備されていた。できたばかりのカナダという国家を知らしめ、先住民と協定を結ぶために、西進してきていたのだ。騎馬警官隊ができたのは、鉄道敷設のためでもあった。鉄の馬だ。電報や電話、そしてほどなく登場する乗用車やトラックとともに、鉄道は新しい交通手段、通信手段を提供することになる。ずっと昔にウマが、それまでの通信・輸送の手段に取って代わったように。

騎馬警官たちは、人間の寝泊まりする宿舎より先に、ウマのための厩舎から建てようとする人種であり、馬泥棒を快く思ってはいなかった。古くからの確執を再燃させるうえに、新しい対立を生むもとになる。しかも騎馬警官隊は、自分たちが馬泥棒に遭うことも警戒していた。クロップ・イヤード・ウルフほどの手だれには、警官の駐屯地ですら防御にはならないからだ。何しろ彼は、夜陰にまぎれて敵の居留地に忍び込み、ティピーで眠る酋長自らが手首に手綱を巻きつけておいた品評会入賞馬を、まんまと盗んだ実績があった。

クロップ・イヤード・ウルフは昔ながらのやり方を、少なくともウマに関しては貫きたいと考えていた。ウマは自分を人間らしい気持ちにさせてくれる。それどころか、人間以上の気分になれる。ウマに乗ったり、走っているウマを見たりすると、彼は自分の中で魂が生き生きするのを感じるのだった。誰の魂なのか、それはわからない。しかし彼は確かに、大地と空に精霊を感じる瞬間があった。「大地の上の空気のようだ」と、カプリオールにおけるリピッツァナーの動きはそんなふうに評されたものだ。「風を飲む」とアラブの人々は言い、クロップ・イヤード・ウルフは、「ウマ薬」と呼んでいた。

だがそんな彼も、変化が不可避であることは理解していた。第一、バッファローがほとんど姿を消していた。毎年バッファローの皮を数えていた老人が、その前の年を、「バッファローを一頭も見ない初めての年」と記録している。クロップ・イヤード・ウルフは中央平原にすむバッファロー狩りの名手、メティの人々が、ルイ・リエルとガブリエル・デュモンをリーダーに、ノースウェスト準州の土地保有をめぐって最後の抵抗に立ちあがったことを聞いていた。ルイ・リエルは反逆罪で絞首刑となり、ガブリエル・デュモンはバッファロー・ビルのワイルド・ウェスト・ショーに加わった。

いつの間にかブラックフットは、もとをたどれば数千年もさかのぼることのできるウマに支えられた人間の暮らし——はるか昔、中央アジアの祖先が初めて馬に乗ったときから、大平原をまたにかけ、遊牧の民が広めてきた文化に根ざした生きるすべを、失おうとしていた。ブラ

弓矢と槍を使ったバッファロー狩り。ジョージ・カトリン作、1832年から33年

ックフット族をはじめとする平原のインディアン部族は、アメリカ大陸における草原馬族の後継者だったのだが。

　ウマははじめ、肉や皮、たてがみやひづめや骨を取るために、狩られる動物だった。それがやがてほかの生き物を狩るための手段となった。ブラックフットにとってそれは、イイニイクシ、つまりバッファローだ。バッファローはすぐに、ブラックフットにとって必要なすべてを供給してくれるようになった。食べ物も、住まいも、寒さから体を温かく守る衣服も、道具も接着剤も糸も。皮には文字や絵をかき、骨はダンスのときに鳴らす楽器になった。ウマを使うようになる前は、ブラックフットは徒歩でバッファローを追いかけ、風下から忍び寄るか、木立の陰で待ち伏せるかして、槍で突いたり弓矢で射とめたりした。あるいはまた、コヨーテやオオカミの皮をかぶって、平原に石や灌木や棒きれで印をつけた獣追い道へ誘いこみ、バッファロージャンプと呼ばれる露出した岩などから追い落とした。転落しても生き延びたバッファローは、すぐにこん棒や槍で息の根を止められた。

狩猟民はどうやら、長い間このように狩りをしていたようで、ウマもまた、同じような手法で狩られた。一万五〇〇〇年前のヨーロッパの洞窟画には、獣追い道や囲いを示すしるしが見られる。フランス中東部のソリュートレでは、わずか数百メートル四方の範囲で十万頭分のウマの骨が発見された。そこは石灰岩の尾根の陰で、これは三万五〇〇〇年ほど前からの長年にわたる集団狩猟で狩られたものだろう。ブラックフットがバッファローを追い落としたように、狩猟者たちがウマを崖から落としたと考える者もいる。

ウマはそんな説などこれっぽっちも信じない。そもそもわたしたちは走るのに大きな集団を組まないし、おびえて逃げるとき——そんなことはしょっちゅうだが——には一列になるか、散り散りに分かれるものだ、とウマは主張する。覚えておいてほしいものだが、ウマはバッファローより賢いのだ。そしてビッグバードならばこう付け加えるだろう——アルバータ州南部にある大きなバッファロージャンプは、その名も「頭割りのバッファロージャンプ」であって、ホースジャンプではない、と。ただしこの頭はウマはもちろん、バッファローの頭でもなく、バッファローを追い詰める先に回って行く手をふさいでしまった愚か者の頭なのだ。

ヴァージニア・ウルフはかつて、「一九一〇年一二月頃を境に、人間の性質は変わった」と語っている。これはロンドンのグラフトン画廊でその年の一一月八日から翌一九一一年一月一五日まで行われ、絵画における新たな真実の表現方法を提示したポスト印象主義展について言ったことだ。だがこれが、人が旅をしたり手紙を送ったり、荷物を引いたり畑仕事を楽にしたり、戦争したり見せびらかしたりするために使ってきたウマを、機械で代用しようとしはじめたことについて語られたものだと見ても、大きく的をはずしてはいない。インディアンたちがドーズ法によって土地を手放し、定住者や山師に売った金で最初に手に入れたものは、たいていが車だった。

クロップ・イヤード・ウルフと私の祖父ジョン・カウドリーの生きた一八八〇年代から、ボビー・アタッチーとミンディ・クリスチャンセンの一九三〇年代までの五〇年で、多くのことが起こった。単に馬泥棒の習慣が変わったというようなものではなく、世界全体が変わったのだった。それは、五〇〇〇万年前、歴史の幕開けにアメリカにアケボノウマが初めて現れたときとも、一万五〇〇〇年前、人間がウマを狩り、洞窟の壁にその絵を描いた頃とも、あるいはまた、五〇〇〇年前、ウマが狩られる側から人間の家族の一員となり、荷を引いたり騎乗されたりしはじめた頃とも、また、五〇〇年前、ウマ族がアメリカ大陸に戻ってきたときとも違った形の変化だった。ただ変化は、いずれ劣らず華々しいものではあった。

ミンディ・クリスチャンセンがボビー・アタッチーに出会った頃には、一九三三年春、電話もラジオも、乗用車もトラックもすでにあり、航空機も飛び立とうとしていた。誰にも必要とされていないものがあるとしたら、それこそ無用のウマだった。

一年後、インディアン管理局の局長が、首都オタワから西部居留地に視察にやってきた。局長は名前をハロルド・マッギルといい、クリスチャンセンは彼を、ボビー・アタッチーやフォート・セント・ジョンの先住民たちに引き合わせた。クリスチャンセンはこれほどの短期間でこれほどのことを成し遂げられたことが信じられず、局長に自分の日で成果を確かめてもらいたかったのだ。マッギルはその視察について次のように記している。

ここは本職が見たうちで最良の居留地のひとつに数えられる。南西の角は欝蒼たる森林と灌木に覆われ、およそ七〇〇〇ヘクタールからなる居留地の中央を、小川が流れている。谷の脇のなだらかな傾斜地には豊かな耕作地が広がる。本職が訪れたときは、エンドウの蔓とソラマメが膝のあたりまで伸び、サスカトゥーンベリーが熟した実をふんだんにつけていた。この居留地に属する先住民は狩猟と漁労を行う人々で、ここには住んでいないが、夏の間野営地にしているという。

本職が道路の端から三～五キロ歩いていくと、小川のそばに人目を避けて先住民の

野営地があった。この人々が、クリスチャンセン氏が昨年、まことに切々と報告をよこした先住民たちだった。野営地にはテントとティピーが二〇ほどしつらえられていた。先住民居留地の犬はどこでもうるさく吠え騒ぐものだが、ここの犬たちはさほどでもなかった。ヘラジカの肉がたっぷりと、台や棚の上で干してあり、大量のサスカトゥーンベリーが布に広げられ、天日干しされていた。乾いたらヘラジカの乾燥肉と混ぜてペミカンを作るのであろう。本職らが訪ねたテントは、ヘラジカ肉のほか、砂糖や小麦粉、お茶といった食料品が充分に置かれていた。誰もが満ちたり、幸せそうだった。ウマも栄養が行き届いているように見えた。

ビッグバードが肢をくくられ、首から鈴をぶら下げて霧の中から現れてからわずか一年ののち、彼らはウマの数を一〇〇頭以上に回復させていた。どれも栄養が行き届いたウマたちだった。

第2章

家に馬をもたらす
——狩猟馬、農耕馬

古くは三万五〇〇〇年もの昔から、寺院であり礼拝所であり、時には居間や寝室にもなった洞窟の中で、人々は壁を見事な絵や彫刻――実際には、線刻というようなもの――で「飾った」。それはサイやライオン、バイソンやクマ、そして現在のフランス南東部にあるショーヴェの洞窟の場合はそれに加えて大きな鳥もいるのだが、そうした生き物たちとともに駆け巡るウマの姿だった。ショーヴェの洞窟画は、有名なラスコーやニオー、ペシュメルルの壁画の二倍くらい古く、コスキュールやクーニャックよりはさらにはるか以前のものだ。とはいえ、こうした壁画をはじめ、世界中で見つかっている洞窟画によって、太古の芸術や生活というものの捉え方は大きく変容した。表象化と様式化の伝統が、旧石器時代にまでさかのぼれることが裏付けられたのだ。

これは、人間らしさが歴史に現れた始まりで、そこには常にウマの姿があった。ウマの描写の伝統は、象牙に彫りつけたものがヨーロッパ全土からアジアにかけて見られるし、ウマの頭部をかたどった装飾的なペンダントが、しばしばウマの舌の骨で作られた。また、工作道具や投槍器などに、ウマの姿を施したものがある。これらは洞窟画と並んで、旧石器時代を人情のこもらない功利的な面だけから見ようとする立場に反対する人々にとっては、当時の人々がウマをどれほど重要な存在とし、想像の原野を自由に駆け巡らせたかを示してくれる証左だ。

もちろん、功利的な面もあっただろう。どんな時代にもそれはある。当時は実に厳しい時代であったし、冷厳たる事実は変えられない。すなわち、ウマは食料と皮を得るために狩られ、

ラスコー洞窟の壁画のウマ

人々は現代のわたしたちからみればかなり原始的な道具と技術を用いていた。とはいえ、ウマと人がともに、人類の歴史にもっとも長く残る工芸を生み出したことは間違いない。

ウマの価値が、肉と皮ではなく強さと速さに変わっていくには、数千年の時を要したかもしれない。だがウマがはじめから、霊性を認められていたことは、旧石器時代の壁画がよく示している。壁画には、ウマの優美さだけでなく、その存在感も表現されていて、それはウマの群れが遠く去ったのちも、ウマたちが捕らえられ、仕留められたのちも、物語が語られては忘れられたあとも、長く人々の想像にとどまっていた。現代のわたしたちが目にすることができているのは、おそらくは数万年以前に盛んに創造されたものの、ごく一部なのだろう。ショーヴェの洞窟が発見された――より正しくは再発見されたと言うべきか――のは、一九九〇年代のことなのだ。

洞窟壁画は、シャーマンの夢を表していると考える者もいる。描かれているウマは、現実のウマの写生ではなく、想像上の姿だというのだ。そうかもしれない。だとすれば、視覚化表現としては実に驚くべき流儀ということになる。しかしこれは同時に、狩人たちに、今目の前にはいない獲物を想起させるための合図の代わりであるかもしれない。狩人たちがこれから狩りにいくウマを、ユーラシアの荒野で実際に追いつく前に、頭の中に思い描いておくための材料だったのかもしれない。これこそが魔術の、記憶の、そしてあらゆる芸術の本質だ。それはまた、狩猟し追跡するための前提でもあった。

獣の足跡を見つけた狩人がひとつ確かに知りうるのは、この跡をつけた動物という実体が今ここにはいないということだ。そしてそれが自分たちの知りうるすべてであることを狩人は知っている。これは狩猟と追跡の、そしてあらゆる表現の核心にある事実だ。

言葉や像による表現の歴史は、人類の歴史と同じだけ古い。よく、近代文明は読むことによって始まったと言われる。中世後期に始まった新たな書見の習慣と、ルネッサンスの印刷技術によって紙の上に築かれるようになった世界は、事物を表していながら実体ではない視覚表現の世界だ。そこに描かれる「ウマ」は本物のウマではない。ウマを表す単語だ。

しかし中世から近代のヨーロッパで発達した読む習慣は、実際には三万年前、非常に高度な形で、世界中の狩猟社会で栄え、人々は動物を絵画や彫刻といった表象で表現した。彼らは現

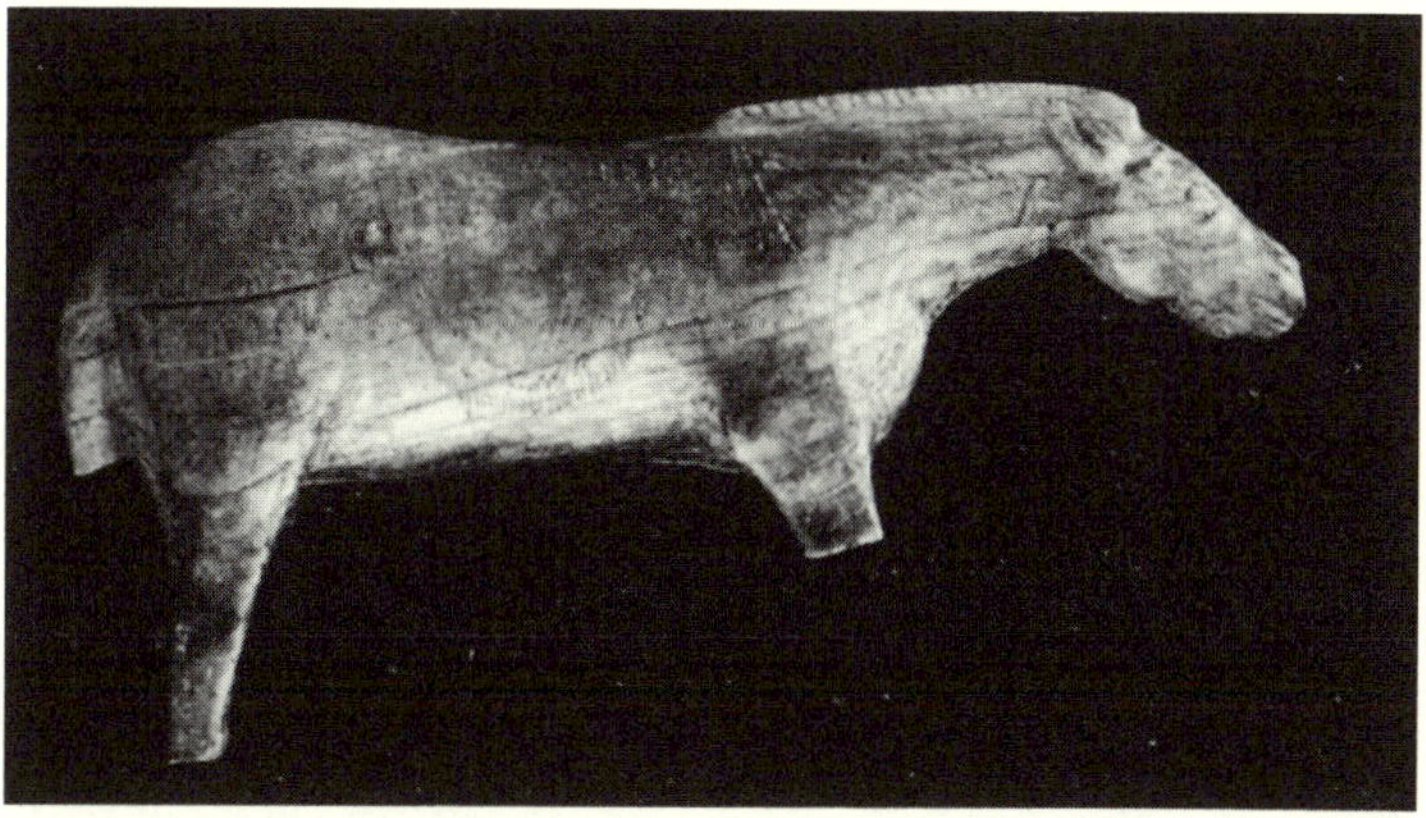

ルルドのウマ。約1万5000年前。マンモスの牙を彫刻したもので、フランス南西部ルルドの洞窟で発見された

代のわたしたちと同じくらい、表現というものの内包する矛盾を了解しており、呪《まじな》いの護符や謎めいた言葉遊び、壁画や彫刻に擬えられたウマが、そこにいるのにそこにはいないことを、互いに伝え合っていた。

旧石器時代の画家は、人類最初の芸術家だ。最初のポストモダン芸術家といってもいい。現実と空想の狭間で遊ぶのが好きだった。マヨルカ島の語り部は、「嘘か誠か」と物語を始める。「この生き物たちはここにいるけれど本物ではない」数千年の時を超え、洞窟の壁画家たちは自分たちのウマのことをそう語りかけている。ナミビア南部とカラハリ砂漠の牧夫や狩人たちは、「―ガルベ」で物語を始める（「―」は口の前でたてる軽いカチっという音）。その意味は、「実際には起きなかった出来事」だ。アメリカの小説家E・L・ドクトロウはかつて、『ラグタイム』の中で、現実の世界では決して出会うはずのない人物同士を絡ませているという批判に、「彼らはここで出会ったのさ」と応じている。

そうした矛盾を内包しているからこそ、洞窟画は芸術になっているのである。また、洞窟の住人たちが最初にウマを人の領域に属するものと考えはじめたのは、ウマの野性の故だ。ウマが人間にとって有用になっていったのは、ウマが無用なものとして、壁の装飾として描かれたときからだ。そのときウマは「うま」となり、追いかけて捕まえ、殺して皮をはぎ、肉を食べるための獣以上の存在となった。その瞬間――瞬間はその後、数千年にわたって続く――ウマは人間の手の届く範囲の内と外に、同時に置かれることとなった。まるでメビウスの輪のような逆説だが、ウマは芸術という形で人の手のうちに留め置かれたときに、野生となったのだ。「野生の中に世界は保全される」ヘンリー・デイヴィッド・ソローは言った。だが野生という概念を共有しているのは人間だけだ。ナイジェリアの作家ウォーレ・ショインカはアフリカ的なものの本質をすべて「黒人性」に収斂しようとする輩に腹を立て、「トラはトラらしさを誇示しながらうろついたりはせず、黙って飛びかかるだけだ」と言っている。ウマはただ走るだけだ。原初の芸術家たちにとって、ウマの霊性はその動きのうちに、あるいは動きを予感させる力に、体現されていた。

ウマの動きははるか昔から人間を魅了していた。ウマを扱う人間なら誰しも、ウマの足並みに見入ってしまう。ウマを観察することは、読むことに似ている。読み方のコツを知る必要がある。アラビア文字の流麗な線や、漢字の巧みな象形に見ほれる人は少なくないが、賛嘆することとその文字の読み方を知るのは、また別の話だ。

ウマに関して言うと、目のつけどころはふたつある。ひとつ目は単純なことで、ウマは自らウマであると、トラやオオカミにみだりに宣伝しはしないということだ。名乗りはあげずにただ逃げる。それが、大型のネコやイヌの餌食たるウマの自然なあり方だ。

もちろんウマとて戦うこともできる。狙いを定めて蹴りを入れたり嚙みついたりして、時には致命傷を与えることもできる。だが命拾いする勝算が一番高い方法は、逃げることだ。だからこそ、人類の神話の中で、しばしばウマが「飛ぶ」のである。英語のウマにあたる語「horse」は、「すみやかな走り」からきていて、平らな地面ならウマは時速六四キロまで出すことができるうえ、長い距離を走り続けることも可能で、一六〇キロにわたって、平均時速一六キロを維持する。カザフ族のウマは、二時間以内で四八キロを走り抜けた記録がある。当然ながらウマならすべてこの速さで走れるというわけではないが、走れるウマもいるということで、ウマというウマはすべからく、ひそかにこの記録と対抗しているものだ。

ふたつ目の点はやや複雑である。それは量的なものではなく、むしろ質的な問題で、速さよりは走り方、力よりは優美さに関わる。ウマは草原のアスリートであり、最初の、あの洞窟画の頃から、ウマはその動き方によって、単に速く走れるとか高く跳べるとかでなく、どれほど見事に走れるかによって、評価されてきた——見事に走れずに評価されない、という面も含めて。判断の基準が食い違う場合も当然あるが、おおむね人々の評価は驚くほど一致していたのである。そういう人々は、ウマをただ眺めるのではなく、しっかり観察していた。そしてわたしたちの誰もが、そのような見方を、ほんの初歩だけとはいえ、身につけることはできる。

南アフリカのコサ族で、馬を称える歌の歌い手は「イムボンギ」と呼ばれる。賛歌のモチーフや様式を、つまり人間においてウマの動きにあたるものを、どうしてそんなにすばやく、しかも自信を持って読み取ることができるのかと問われ、歌い手のひとりは「見るんだ。イムボンギとは『目』という意味だ」と答えている。

イムボンギは実際には目の意味ではない。だが、そうであってもおかしくない。ウマを愛でることのできる人々——洞窟画の描き手や現代の動物写真家、老いた農夫や若き女性騎手、草原のインディアンや南米大草原のカウボーイあるいはプロの調教師といった人々を言い表す言葉は、何語であっても、目の意味を含んでいてしかるべきだ。ウマにささやきかける人、ウマの言葉に耳を傾ける人もいて、それもまたすばらしいが、荷役馬であれ馬術馬であれ、サーカス馬であれ競走馬であれ、すぐれた馬を育てる人には共通点がある。よく観ているのだ。注意を払っているのだ。良き調教師は自分がウマに注ぐ注意力の質でもって、ウマを意のままに動かす。

アラスカのユピック族は幼い頃、カヤックで沖へ釣りに行く話は、ハエが鼻に止まっても振り払いもしないほど、集中して聴かなければならないと教えられるという。なぜなら注意散漫になって物語の言葉を順番通りにそのまま覚えておかないと、大きくなって実際に海に出たとき、港を見失うか精霊を怒らせるかしてしまうからだ。名伯楽といわれる人々のそばにいると、ちょうどそんな注意力を感じる。彼らはこちらの話を聞き、話しかけてもくるけれども、その間ずっとウマを注視している。ユピックの漁師のように、ウマに関わる人々もまた、一瞬でも気を抜けば、危険な海のただ中で方角を見失うことがわかっているのである。

ウマのそばにいる者は誰でも、よく観察することを学ぶ。ヨガ行者のベラ師が言っているように、観察することで多くのことに気づく。もしウマが考えるならば——彼らが確かに「考えている」と信じるに足る根拠は枚挙にいとまがない——まず間違いなく、図と連想で考えていると思われる。だから、ウマを理解するには一にも二にもとにかく観察することであるのは、理にかなっているのだ。マーシャル・マクルーハンはかつて、意味のない音に関連づけられた意味のない記号によって、われわれは世界に形と意味を与えたと言った。ウマとのコミュニケーションは、人間同士のコミュニケーション同様、知らない人、教わっていない人にはまったく未知の言語でしかない記号と音の羅列だが、読み、聴く訓練をした人にとってはちゃんと意味をなす体系になっている。そしてわたしたちにとっての外国語とは異なり、ウマとのコミュニケーション言語は世界共通語で、しかも時代による変遷もない。

歴代の偉大な調教者たちがこのことを示している。たとえば、ヒッタイトのキックリが紀元前一三五〇年頃にサンスクリット語で書いたもの。あるいは紀元前四三〇年頃アテナイで生まれたギリシャのクセノフォンの文章は、ギリシャ・ローマ時代を通じて大きな影響を及ぼしたが、今もって真実の響きを持っている。また、古代インドのマウリヤ朝の宰相カウティリヤは、アレクサンドロス大王の死の直後、紀元前三二三年にこれを記した。現代では、フェデリコ・カプリッツリとウィリアム・ケイ（「教育のあるウマ」ビューティフル・ジム・ケイを調教した）やマーガレット・ケイベル・セルフらがいる。ほかにも、トム・ドーランス、レイ・ハント、ヴィッキ・ハーン、モンティ・ロバーツ、バック・ブラナマンといったあたりが現代の名伯楽だ。さらには、三日間にわたって行われるカナダ有数の馬術競技会（クロスカントリー、飛越、ドレッサージュ）で、一九六〇年代から七〇年代にかけて名騎乗をした騎手ジョン・ジェニングスや、一九二〇年代から活躍したオンタリオ州郊外の農村地帯マルマー郡出身のレグ・グリアもいる。彼らはみな、よくウマを見ていた。そしてウマも、彼らを見ていた。「ウマは一番よく見る生き物だ」ジョン・ベルは一七一九年、モンゴルの野生馬を観察してこう述べた。

ウマに耳を傾けることも重要だ。そして、優しく、他愛ないことをささやきかけるのも。ウマと相性のいい人たちは、ひっきりなしに彼らに話しかけている。なぜなら彼らは、ウマが人間の声のさまざまな音の違いをかなり正確に聞き分けていることを知っているからだ。

偉大な調教者は、世話したウマが有名なレースで勝ったから、名高い荒馬を手なずけたから、名を残したというわけではなく——もちろん偉大な調教者なら、たいていはその両方を成し遂げているわけだが——人と人ではないものとの境を越えたから、偉大になったのだ。わたしたちも日常的にそれをしている——たとえば本を読んで、その架空の世界を生き生きと思い描いたり、あるいは自分を取り巻く世界が変わることを願って祈ったりするときに。同じことが、ウマに乗っているときや手綱を引いているときにも起こる。わたしたちのほうから、ウマの世界に、ウマ独特の文法や構文、法則やしきたりの中に入っていく。これは、わたしたちが初めて出合う外国語を目にしたり、耳にしたりすることとさして変わらない。ただし、ウマの世界の約束事はわたしたちを変容させてくれる。そしてその言語を学べば学ぶほど、わたしたちは自分でも気づかぬうちにそれまでとは違った考え方、感じ方をするようになっている。

生まれてからずっとわたしの周りにはウマがいた。ほとんどの場合、わたしは地べたにとどまっていた。ウマに振り落とされた結果、地べたに転がる羽目になったこともあれば、地べたにいて踏みつけられたり蹴られたり、噛みつかれたり殴られたりいたぶられたりしたこともあり、一度などは、二頭の馬をロープでつなごうとしていたところにスズメバチがやってきてウマを驚かし、そのまま八〇〇メートルも引きずられたこともある。

ウマのそばで長い時間を過ごす人ならば誰であれ、ウマがいかに人間を癒してくれるかを滔々と弁じる人でさえ、そうした逸話には事欠かない。ウマは人間にさんざん傷を負わせ、骨折させる。ウマを生業《なりわい》にする者で、わたしたちに致命傷さえ与えうるウマの力を軽んじる者などいない。

だからこそ、ウマの癒す力は、その埋め合わせのようにも思える。といっても、ウマがわたしたちの病気をどれでも治せるというわけではないし、ウマのほうが運んでくる病気もある。それでもウマは、人間を、わたしたち自身から救ってくれるように思える。何もニューエイジ療法というわけではなく、むしろ古風な、世界中で昔から行われてきた瞑想療法のような精神集中を要求することによって。まずは心を落ち着け、自我を捨て、ほんの一瞬でいい、真正の瞬間を見つけること。こうすることで、わたしたちは人類で初めてウマを眺め、その力と存在感に圧倒された人間と、肩を並べることができる。その聖なる領域に入っていける。それは同時に、極めて危険な領域だ。

これを認めなければ、ウマを扱ってもどうにもならないし、下手をすれば怪我をする。わたしたちはまた、ナバホの人々がノーと言ったとき（第1章参照）、ボビー・アタッチーや彼の一族が厳しい冬のあとにウマの群れを立て直したとき、旧石器時代の狩人たちが洞窟の壁にウマの姿を描いたとき、何かしら人間に深く根ざした神聖なことが起きていたと受け入れるのに、抵抗を感じるかもしれない。その「何か」が、ウマが走らずにいられないのと同じ意味で、人間にとって不可欠なものだ。それは生存にかかわる。死と隣り合わせにいるときに、生きることの尊厳を保つための何かだ。それは、現実——あるいは、自分を餌食にしようと狙っている捕食者——を押し戻し、自らが生存の主体となるための力だ。信念を保ち続けることを、想像の力が実際には変えられない現実を変化させうると信じつづけることを、可能にするものだ。フォート・セント・ジョンの先住民にとって、ウマの群れを立て直すことは、芸術作品を修復することにも似ていた。作品は束の間管理下にあるけれども、真にその作品を——つまりはウマを——所有しているのは自分たちではない。だからウマは、売っても構わない（それどころか、盗んでもいいと言う者もいる）のだ。芸術作品が売買できるように。芸術は、ウマは、つまるところ誰にも属さない。もちろんわたしたちは時として、熱烈な決意をもって芸術（ウマ）を手に入れ、死ぬときは一緒に連れて行こうとさえするけれども——何千年も前からの埋葬の伝統が教えてくれているように。

人間はウマのそうした特質を、記憶のはるか彼方にある昔から知っていて、そうした前史の知識は、ウマのそばで長い時間を過ごすようになると、ゆっくりとだが確実によみがえってくる。ウマは常に、今ここにあるものと、かつてそこにあったもの、そして場所と人とをつなぐよすがだった。ジョン・ジェニングスは、ウマに乗っているときには、どちらともつかない未決の時間が重要だと語っている。つまり、集まってから散るまでの間、ウマの動きと自分の動きのリズムの狭間、地面と空の間のことだ。ロデオの名手も同じことを言っている。

これは瞑想ということだ。芸術家も同様の物言いをするが、彼らはよく、現実と想像が出合うところと表現する。どういう言い方をするにせよ、この間が、ウマと騎乗者の動きの中には必ずある。両者ともに集中し、豪放に(ロデオで片手は手綱を持たずに空けておかなければならないのも、この豪放さの表れだ)、一緒になって次々と入れ替わる主導権争いを演じ、支配と服従の入れ替わりがいかにして起こるのかを明らかに見せてくれる。

ウマを制御したいという思いを、かの洞窟画家たちも抱えていたに違いない。というのは、作品にまぎれもなく自然界を支配する力がみなぎっているからだ。ウマは原初の人類にとって、貴重な食料源だった。だから、その群れを管理する力はどんなものであれ重要だった。詩人と画家は常に、狩人や採集者に劣らず、人間集団になくてはならない存在だということだ。

狩りの習性は、人の意識の奥深くに息づいている。好むと好まざるとにかかわらず、数万年も昔から、自然界における人間の立場は、ひとつには狩る者であった。人間は捕食者だ。だから支配権を握ろうとする。だがわたしたちはまた、降参することも知っている。人類は早くから、自分たちには支配しきれないもの、屈するしかないものがあることを思い知らされてきた。天候、病、死。宗教はそうしたものを受け入れるすべを教える。科学は、必ずしも屈する必要はないことを示そうとする。ウマを扱うのは、その両方のミックスだ。

人類は、世界が凍りついていた頃に、ウマを狩りはじめた。ウマは特に狩りやすい動物ではない。ウマを捕まえようとしてみた経験のある人なら、狭い囲いの中でさえ難しいのをよく知っていることだろう。それが山間の谷間とか、広々した大平原になるとしたら、これは一大事業だ。今日では、野生のウマを集めるには、ヘリコプターに加え、トラックをはじめ、ありとあらゆる地上の乗り物も駆使するのだが、それでもうまくいかない場合がある。氷河期のご先祖たちは徒歩で、しかも狩りが成功しないと命にかかわったのだから、すごいことだ。

そしてほかの多くの動物同様、ウマもまた、わたしたちがその存在に気づく前にその場から去ってしまう。目も耳も鼻も、わたしたちよりすぐれているからだ。ただウマたちは隠れるのがあまり得意でなく、一日も終わる時分になると、隠密行動も限界となり、彼らはひたすら走る。すごいスピードで、あたかも永遠に走れるかのようだ（追いかけている側としてはそう思えてくる）。太古の狩人たちは、困難な仕事を強いられたものである。

ウマは、おおむね五、六頭がひと固まりになって走り、何かにおびえないかぎり散り散りにはならないので、ウマを不意打ちするか追い詰めるかすることができれば、狩人にはだいぶ分がよくなる。捕食者の例にもれず、人間も獲物を追い詰めるのはうまい。後世、生活のための狩りがほとんど過去のものとなったとき、人類はひたすら相手を追い詰めるだけのゲームを編み出した。それは戦争と呼ばれ、そこにウマを使うようになったのもごく当然の成り行きだった。

ウマは人と同じように家族に価値を置く。彼らは本能的に、家族、すなわち群れを保とうとする。だが人間にはそれ以外の本能もあって、一味を作る。一味は家族というよりは事業体のようなもので、この場合の事業は狩りだ。オオカミにしろライオンにしろ、あるいはわれわれの祖先にしろ、狩りに向かう一群は、ちょうど職場に向かう労働者だ。

人間は、両方の立場をわかっている。ウマのように家族という群れといれば安心するし、一方オオカミのように徒党を組んで仕事や遊びにも行く。大昔は、群れの習性を知っていることを、レイヨウやゾウ、ウマまで、ありとあらゆる動物を狩るのに利用していた。また、一味の習性は、集団での狩りに活かされた。すぐれた捕食者として、われわれの祖先は、ひとつの原則が多くの実例に応用できることに気づいていた。そうやってたくさんの獲物を捕らえたのだろう。

だがウマについてははなはだ特徴があることに、ご先祖は目を留めた。たとえばウマの群れは同様に群れを作るヘラジカやバッファローに比べると小さく、またどの群れも牝馬が束ねている。もしこの牝馬を操って峡谷か、もっとうまくすれば一時的な囲いのようなところに先導させ、そこに草があれば、群れは腰を据えて草を食べはじめる。そうすれば難なく仕留めることができるし、少なくともそこら中を追いかけまわさなくても行き止まりに追い詰めることができる。祖先たちはさらに、若い牡馬が、牝馬に率いられて年長の牡馬に後陣を守られた本体とは離れ、ひとり身の牡だけの群れを作っていることにも目を留めたことだろう。群れをいつ、どこへ導くかを決めるのは牝で、牡は後ろからついていく。狩人たちはおそらくは苦労の末、あとからついていく年長の牡が、自分のハーレムに干渉してくるものを決して歓迎しないことにも気づいたことだろう。さぞかし、からかったり挑発してみたりして、牡の気をそらそうと試みただろうが、牡もやり口は承知している。おそらく狩人たちは何度も、噛みつかれたり蹴り飛ばされたりしたことだろう。それが小型のウマでも——当時のウマはおおむね現在のものより小型だった——攻撃されたら致命傷になりかねない。

ウマにも癖があり、そのせいで狩りが難しくなる場合もあった。ウマは始終食べていて、睡眠はほとんどとらない。仔馬か妊娠中でないかぎり、ウマは一日四時間も眠れば充分だし、それも一度に一〇分とか一五分ずつ、小刻みに眠る。狩られる側の睡眠はそうなりがちだ。逆にネコは一日一六時間は眠る。四〇〇万年の間、ウマは長時間熟睡するということがなかった。そんなことをしたらやすやすと狩られてしまうからだ。あたかも海に出ている船乗りのように、ウマは常時警戒を怠らない。うとうととしているさ中でさえ、ものの数秒のうちに走りださなければならなくなるかもしれないのだ。だからほとんどの場合、ウマは立ったままで、日中に眠る。四本の肢で立っている利点のひとつは、そのままの姿勢で眠れることだ。動きだすには、ウマの力の源である後ろ肢にすばやく体重をのせさえすればいい。時折、群れの真ん中で母馬に囲まれて、仔馬が寝そべっていることもある。だが成長とともに寝そべらなくなる。

ウマは「驚く力」を養ってきた。人とウマは、捕食者とその獲物にありがちなように、驚きを共有する。ただ、両者の立場はいつも対峙する。ウマがたとえゆっくりとであれ、絶えず動いているのは、ひとつにはこのためだ。群れをなす多くの動物と並んで、ウマもまた生まれついての遊牧者なのだ。

気候が変わって氷河が溶けだした一万年ほど前、人々はやや見通しを持って生きられるようになってきた。季節に従い、動物に餌をやれるようになったのだ。動物によっては、それを狩るよりも世話をするほうが、自然の移り代わりになじんで暮らせるようになってきた。

ウマの立場からすると、これはいいことづくめだったわけではない。今度は人間がやってきて、群れの中から年寄りや子どもを選び出し、殺すのだから。だが草原にいてもそれは起こる。だから飼いならされることは必ずしもひどい話ではなかった。そうして、人間の意向——当初は肉と乳——にそって群れを保ったウマは、少なくともほかの捕食者からは守られるようになった。

人間の立場からすると、ウマは比較的手がかからず、ひづめが雪をかくのに都合がよかったため、特に寒い気候のもとで重宝した。一方ヒツジやウシは鼻を使って雪を掘るので、厳しい寒さで雪がかなり深くなると、鼻を痛めて血を流す。また気候にかかわらず、ウマは食べ物を見つける名人で、実に優美かつ巧みに、植物の自分が食べたい部分を探り当てることができる。栄養価の高い食物——たとえばヘロドトスの「聖なる馬」が飼育されていた古代のメディア王国のアルファルファや、中国の汗血馬を養ったクローバー——が豊富であれば、ウマは強くなり、大型化した。栄養が乏しくなると逆戻りして小さくなった。アメリカ大陸に渡ってきた頃のスペインのウマがそうだった。

人々はほどなく、肉と乳を得るには、ウシやヒツジやブタのほうが、尻も背中も乳も、ウマよりずっと楽に肥やせることを悟った。家畜の飼育は、人類最大の創意のひとつだ。飼育することによって、動物の特徴を思いのままに再現し、強化することができた。自然を改良し、不足しているもの、必要なものを補う形で、動物を造り替えられるようになった。そもそも自然も、常に独自の品種改良をしてきたわけで、家畜飼育をモデルに進化の理論を発展させたダーウィンもそのことに気づいていた。自然によるものであれ人の手によるものであれ、すべては選択と淘汰なのだ。

飼育によって確かに自然をいくらかコントロールできるせいか、人類はどこかこれに取りつかれたようになっていった。それはまた、人種への偏見を助長するもとともなった。必ずしもウマの飼育によってそうしたことが始まったわけではないが、それが促進材料になったことは間違いない。

ウマの飼育によって作りだされるものはさまざまあるが、そのひとつが、共通項を無視して違いにばかり目を向けた、恣意的な分類だ。血統の違いは方言の違いのようなもので、時にはただ同じ言葉のアクセントがちょっと違う程度の差にすぎない。さらにまた、飼育によって、生まれか育ちかという問題にも混乱が生じ、その混乱を、人類は人種の問題に仮託してしまった。多くの文化で、ウマの純血を守ることが至上命題とされ、驚くことに血統を汚した繁殖家は死刑になることさえあった。それが、異人種間の結婚を嫌悪したり、特定の家柄を別の家柄よりも重んじたりするような、嘆かわしい風土に影響を与えている。

人種なり肌の色なりの問題には、常に流行がある。この点、色は特に興味深い特徴で、というのも、ウマの毛色に関する限り、大いなる誤解がはびこっているのだ（人間の場合も同様だが）。ウマの場合、確かに毛の色が違うと日焼けや鞍の圧迫への耐性もいくらか違ってくる。だが古い格言にもあるように、「太って――つまり健康で――いることが何より強い毛色」なのだ。

ついでに言えば、それぞれの毛色には、それぞれ熱狂的な信奉者がいる。しかも流行は絶えず移り変わる。あるライターは、一九三〇年代、荷役馬の三分の二がペルシュロンだった頃の流行の変化について、こう書いている。「ペルシュロンの地平に、むくむくと栗色と白の雲がわき起こり、やがては人気ナンバーワンの座を、黒と灰色からもぎ取る兆しをはらんでいる。たてがみと尾が白い栗毛は、農場のキャデラックになるだろう」と。何色のウマが最高かという議論は古くは洞窟画の時代に始まって、世界のあらゆるウマ文化において、つきることなく続けられているのである。

一八世紀、イングランドでは血統の純潔性に関して、人間の貴族社会のモデルとなるような体系が作られたが、ちなみにそれは現代の競馬にまで受け継がれ、断固として守られている。サラブレッドの血統を初めて記した『ジェネラル・スタッド・ブック』は、一七九一年にジェームズ・ウェザビーがまとめたものだが、イギリス貴族（といえば、名馬を誰よりも所有している人たちでもある）の家系のつながりを記した『バーク貴族年鑑』の刊行に三五年先んじていた。どちらも、誰と誰を（どの馬をどの馬と）掛け合わせればうまくいくか、手っとりばやく教えてくれる。

理想の縁組を追求することが一八世紀から一九世紀にかけてのヨーロッパ社会でいかに関心の的であったかは、もっとも大衆的な文学形式、すなわち小説によく表れている。これは人間だけでなくウマの社会にも言えたことで、カントリー・クラブでも厩舎でも、話題の中心だった。ものを言うのはすべて、血統と繁殖だった。

文明の黎明期、中央アジアの大草原や北部の森林では、ウマはブラックフット族にとってのバッファローのような存在――命の糧であり、聖なる神だった。神とは、すべからくそのような存在だ。物質的にも、精神的にも、生命を維持するのに必要なすべての源。太古の時代、世界の狩猟採集民には、生活の糧は単に生きていくのに充分な量であればよかったわけではない。精神的な余剰があること、それが富の原型だ。衣と住と、さまざまな道具、それに遊具、どれもみなウマの肉や骨、肢や皮から作られたのであり、この命の贈り物の主を神聖視するようになるのはむしろ当然の成り行きだった。

やがて、おそらくは人とウマとの関係が始まって間もない頃に、ウマが人間の「死」の一部となり、死を祀り、その謎を把握しようとするための儀式の一部となる時期がやってきた。ユダヤ＝キリスト教社会をも含め、今日まで幾多の社会で捧げられてきた生贄は、死がわたしたちの人生の一部をなしている証左だ。

埋葬用の土偶。中国、漢代

この伝統が、いつどのように始まったのか、確実なところはわからないが、中国からインド、ロシアから中東、ヨーロッパからアフリカ、そしてアメリカ大陸全土と、およそありとあらゆる場所で起こっていることだ。古くは青銅器時代にまでさかのぼって、埋葬儀式においてウマに一定の役割が付与されていたことがわかっている。当時、人は、ウマが人間のためにわが身を投げ出したと認識し、その贈り物は物質のみならず、精神的なものでもあって、だからウマを崇拝しなければならないと考えた。敬意を的確に表するためには、決まったしきたりを順守して執り行わなければならない。手始めとして、ウマを捕らえて殺すにも、そして、ウマの世話をするにも、決まった手順が必要になった。人とウマの間には絆が生まれ、それはその後、決して途切れることはなかったし、その後さらに、騎士道の儀式に発展していった。

この特別な絆は、いたって単純に始まっている。ウマは肉が、アジアでもヨーロッパでも、数万年前から重要な食料源で、特に、特定のウマの肉が特権階級に珍重されたのだ。それがなぜ、今では多くの人が口にするのを厭うようになってしまった――いまだにウマを食用する人々もいるものの――のかは、非常に興味深い。主な理由は宗教慣習との拮抗にあったと考えられる。銅器時代のカフカスの人々からアイルランドのケルト人に至るまで、生贄や儀式にウマを用いる――ウマの血を飲んだり、浴びたりすることまであった――のはごく普通だった。そしてこれが、独自の生贄儀式を貫こうとする勢力にとっては障碍になった。七三二年、教皇グレゴリウス三世がウマの食用を禁じた。これと大差のない理由で、馬肉食は仏教では禁じられ、イスラムでは好ましくないこととされ、ヒンドゥー教では敬遠されている。

ふたつ目の理由は、もっと実際的なものだ。ウマがウシやオナガー（アジア産ロバ）に代わって荷役動物となり、荷物や人を引いたり運んだり、やがては輸送に使われたりするようになると、肉として消費するには高くつくようになったのである。

現在では、ウマは狩猟の片腕であり、もはや狩られる側ではない。人はもともとイヌを相棒に狩りをしていた。だが調教の行き届いたウマでする狩りは、ずっと効率的だし面白い。しかも時にはかなりスリリングだ。人を乗せている場合も、馬車を引かせている（たいていは狩猟犬が伴走する）場合でも、ウマのおかげでかなり効率よく肉が手に入るようになり、また、狩猟の行為そのものが、さまざまな動物を狩ったアッシリア人やエジプト人、キツネ狩りを楽しんだマケドニア人や雄鹿狩りに熱中した中世のヨーロッパ人まで、多様な社会の人々を引き付ける娯楽となった。

もっと最近では、ウマは人にひけをとらない思索や感情のある生き物として、動物の権利擁護の象徴となっている。「教養あるウマ（と宣伝された）」ビューティフル・ジム・ケイ現象は、そのことをまざまざと教えてくれる恰好の事例だろう。このウマは、奴隷出身で南北戦争に従軍したウィリアム・ケイ博士が二〇世紀の初めに調教し、連れ歩いたものだ。ジム・ケイは全米で注目の的となった。何しろ計算したり演算したり、一九〇四年にはルイジアナの買収一〇〇年を記念したセントルイス万国博覧会の開会式でセントルイスにやってきたセオドア・ルーズヴェルト大統領の令嬢の前で、（令嬢がニコラス・ロングワースと結婚する一年「前」に）A-L-I-C-E R-O-O-S-E-V-E-L-T L-O-N-G-W-O-R-T-H と綴ってみせたりしたのだ。これほどまでに人間らしい、それもかなり教養のあるほうの人間に近いジム・ケイは、四本足の生き物全般の殺戮に反対する動物愛護論者を後押しし、殺すより愛玩しようという風潮を生み出すのに一役買った。ところがジム・ケイの活躍の目覚ましさも、ドイツの「賢馬《クレバー》」ハンスによって色あせた。クレバー・ハンスは黒板に書かれた難しい算数問題を、平方根まで解いたとされたが、最終的にそれは、質問者のほんのわずかな身振りや、息遣いのかすかな変化に反応していただけだったと判明したのだ。要は、ハンスも、ウマの持つ並外れて鋭い感性を備えたごく普通の

火葬墓地から見つかった青銅像。チェコ共和国。紀元前10世紀から6世紀頃のものと考えられる

ウマだったというわけだ。

　ほとんどすべての社会に、いわゆるウマ崇拝は多少なりとも残っていて、蹄鉄や引き馬具を見れば、民間伝承にもウマが大きな位置を占めていることが改めて思い起こされる。だが、人がいかにウマを敬い、そして恐れてきたかを、とりわけ心をかき乱す形で知らしめるのが、埋葬儀式におけるウマの扱いであろう。なかでも特に強力な磁力をもって人をひきつけるのが、旧石器時代から現代に至るまでの埋葬場所で見つかるウマの頭とひづめでできた供物だ。初期の頃は、これは張り広げた棒にウマの皮をかぶせた、いわば聖なるカカシだった。遺骸には、ウマの形を保つため、頭と尾、肢の骨が遺された。それは、ウマの皮がきちんと垂れるようにするためでもあり、また、世界各地の埋葬の意義がすべからくそうであるように、生と死とを同時に想起させ、加えてウマの場合には、生来の優美さがかもし出す、例の大地と天空との均衡をとどめおく一瞬を呼び覚まさせるよすがとするためでもある。

ヘロドトスは、スキタイ人のこうした埋葬習俗について記しているし、二〇世紀が経過する間にも、同様の遺跡が数多く発掘されている。この習慣は、六〇〇〇年前に青銅器や銅器を用いはじめた人々とともに、滅びてしまったわけではない。クロップ・イヤード・ウルフの時代にも、ブラックフット族では指導者が死ぬとウマを道連れにする慣例が続いていた。近年になると供犠の方法は銃殺か絞殺になったが、その前に、ウマの体には所有者の偉業を称える絵文字が描かれ、尾は編んで丸くまとめられ、たてがみには羽飾りがつけられる。死者の供をするのはウマの魂だけなので、ウマが死ぬと「灰は灰に、ちりはちりに」となるが、それでもたいていは、飾りを施されたたてがみと尾は、そして時には全身も、台に載せられたり地面に埋められたりした。ネズパース族は、皮をはぎ、剥製にしたウマを墓に飾ることで知られ、また、皮を墓にかける部族もある。カザフスタンでは今日でも、馬主が死ぬとその一年後に特別な儀式でウマを殺し、死者に雷鳴のようなひづめの轟きが届くように、競馬を行う。

ドニエプル川とドン川が黒海に注ぐ中央ロシアの草原で、現在はウクライナ国内になるデレイフカと呼ばれる場所で発掘された六〇〇〇年前の牡馬が、今、考古学者たちに熱烈な視線を浴びている。その熱意たるや、かつてこれを埋めた人々にも劣らないのではと思われるほどだ。それというのも、この周辺一帯で得られる史料により、ここが、ウマが初めて家畜化された場所かもしれないからだ。この「偶像牡馬《カルト・スタリオン》」の歯の磨耗具合から、このウマがハミを口にかませられていたことがうかがわれるためだ。もしそれが事実として認められるなら——史料にはかなりの説得力がある——さらにわたしたちは、この地域が、英語やロシア語、ペルシャ語やヒンドゥー語といった、今ではまったくばらばらに思えるいくつもの言語を派生させた諸言語の母たる印欧語が、単一の言語として使われていた最後の土地であり、ウマの埋められた頃がその最後の時代である可能性も、検討してみなければならない。そうなると、ここにもまた、引っ張り合うふたつの均衡する狭間があることになる。ウマに乗った初めての人と、みんながわかり合えた世界に住んだ最後の人と。

それでも多くの人は、人間がいつ、どこで、最初にウマを人間社会の輪に導き、家畜として家に迎えたのか、疑問を持っていることだろう。ある人は中国北東部、天山山脈付近であると言い、またある人は現在のカザフスタン、ウラル山脈あたりではないかと考える。さらには、ウクライナ説を唱える人もいる。どの系統が最初に家畜化されたか、明らかな証拠はない。というのも、ウマの祖先のうち、二、三の主な系統――モンゴルの野生馬、原アラブ、タルパン・ポニー――はとっくに、幾多の分家の母、父であることをやめてしまい、さまざまな混合種が出現しているからだ。ただ、ウマに関することはことごとく論争があるとはいえ、人間が、古く新石器時代、およそ一万年前にはウマを家畜化しはじめていたらしい形跡はある。確かに言えるのは、ウマと人間の特別な関係はかなり早くから始まっていただろうということだ。

ゆっくりと、だが着実に、人とウマの間には共同の精神が育っていったことだろう。ウマが狩りの対象から世話をする対象に変わったことをきっかけとして。群れの中には、家族の関係と友人同士の関係の両方がある。特に牝馬や仔馬にはそのつながりが見られる。人は、ことに子どもは、その情愛に気づいたことだろう。そしてきっと、年長の大人たちに教えただろう。

ウマと友だちになろうとするなら、その関係はおそらくこんなふうにできあがっていくのではないだろうか――この少女と仔馬のように。

すばしっこく、流れるような身ごなしのその少女は、ウマの毛で織った上着と、母親が干してなめしたトナカイの革のレギンスを身につけ、足にはウマの後肢の皮でこしらえた編み上げブーツを履いていた。ブーツの紐も、生皮だ。

カザフの言葉で「雲ひとつない空の色」と言われる淡い灰色の毛並みの牝馬は、仔馬を産んだばかりだった。昨夜、夜にまぎれて森のそばでこの世に生まれ出てきた仔馬だ。ウマはほとんどいつも、夜に出産する。それだと捕食者に気づかれにくいからだ。仔馬は実に物覚えがいい。ぴったり二四時間のうちに、大人のウマができることはたいていできるようになっている。歩くこと、話すこと、そして夜でも物を見ること。夜目がきくのは大事なことだ。ウマは元来夜行性だからだ。

少女はユルト——フェルト製の丸いテントで、木の扉は青く塗ってある——を出ると、草の生い茂る野原に、牝馬と前夜生まれたばかりの仔を見にいった。母子は小川の向こうにいて、仔馬はまっすぐ少女を見つめてきた。少女はうれしくなった。なぜならウマの目を見れば、たいていのことがわかるのを少女は学んできたからだ。いつも遠くばかり見ているウマは、決して友だちになってはくれない。牝馬（こちらは少女に目もくれなかった）は仔馬を嘗め回し、それからやさしく噛んでやった。歯をくし代わりに仔馬の毛並みを梳いてやっているのだ。それから仔馬は、乳を求めて鼻面を押し付けた。

ウマの乳のことも少女はよく知っていた。母親がクミス作りの名手なのだ。クミスはウマの乳のカードで作る発酵飲料で、草原の人々の食生活には欠かせない。祖母に言わせると、どんなものでも治す万能薬だそうだ。でも飲むと目が廻る。少女の母親は皮の袋にまずウマの乳を注ぎ、ウマの生皮を一切れ、あるいは以前作ってのこったクミスの塊を入れて、少女には何時間とも思えるくらい長い間かき回す。

春、その年初めての乳を搾ると、お祝いにウマの守護神カンバラータに感謝して、女たちはみんなクミスを少し飲む。その後、女同士でレスリングの試合になる。はしたないけれど見るには楽しくて、みんな自分の母親に声援を送る。少女の母親は、少女がいずれいい夫を得られるように、クミスの作り方を教えると言っている。クミスを言い表す言葉は三〇もあるけれど、夫を表す言葉はひとつだけだ。

初めて牝馬から乳をもらった人の物語を、少女は聞いたことがあった。遠い、遠い昔の話で、人間がこっそりウマに忍び寄れるようになった頃のことだ。ウマに気づかれずに忍び寄るのは並大抵のことではない。なぜならウマは、そばを人が通っていれば気づいてしまうからだ。ウマは肢を通じて人の気配を感じる。ひづめに精霊が宿っているんだと母親は言う。ひづめはウマにとって第二の心臓のようなもので、立ったり動いたりするたびに衝撃を吸収し、血液を血管に押し戻している。

さて少女は、何週間も、毎日仔馬の傍らを歩き、撫で、たてがみを梳き、うれしがる場所（前肢の付け根）を掻いてやった。すると仔馬は、まるで誰かの肩に頭を預けているみたいに少女に頭を傾け、うっとりとした目をするのだった。ウマと友だちになるには、まずは話しかけ、そして掻いてやることだ。これが調教の基礎で、ウマ同士も牧場でそうやって仲良くなる。

仔馬はかゆがり、少女は掻き、すぐに友だちになった。仔馬が生まれて半年ほど経った頃、少女は自分でつんできた草を仔馬に与えた。欲しがるそぶりを見せないので、少女は草を仔馬の口に押し込んだ。はじめ仔馬は草を吐き出してしまったが、しばらくすると少し食べた。とうとう少女は母親が木のボウルに入れて隠しておいた小麦の粒を持ち出してきたが、これは大当たりで、一度小麦を与えてやると、仔馬は少女がガラガラと音を立てるだけで走ってくるようになった。

来る日も来る日も、少女は仔馬に寄り添い、背中をやさしく叩き、首を掻き、たてがみを梳かし、やがて季節は秋になった。そうするうちに仔馬のほうは、少女を自分が面倒をみてやらねばならない相手と見なすようになって、そばにいないと探すようになっていった。

そこである日、少女はかわいらしい毛布を仔馬の背にかけてみることにした。母親が何年も前に織ってくれた古い毛布だ。仔馬は身震いして毛布を振り落とした。少女は毛布を拾い上げると自分の肩にかけて見せた。こんなふうにかけるとかわいらしく見えると教えるように。そして仔馬の首を叩き、もう一度毛布をかけてみた。仔馬は逃げ出したが、毛布は今度は落ちなかった。

三週間にわたって、少女は何度も仔馬の背にただ毛布をかけ続けた。やがて、ちょうど冬の野営地に移る直前に、少女は仔馬に毛布をかけ、うれしがるところを掻いてやり、カモが岩に跳び上がるときのようにスキップして仔馬の背中に飛び乗ると、ここ一番とばかりにたてがみにしがみついた。仔馬は食べるのをやめ、振り向くと、「ここまでくるのにずいぶん長くかかったね」とでも言いたげに少女を見つめた。そして何事もなかったように、乾いているのに水分をたっぷり含んだ秋の草を歯でむしりとる作業に戻った。

第3章

地球を駆け巡る
——馬の移動と輸送が世界を変えた

トロットの連続写真。エドワード・マイブリッジ、1887年

一八七二年、カリフォルニア州元知事のリーランド・スタンフォードが友人たちと賭けをした。ウマはトロットのとき、一瞬でも四本の肢が全部地面を離れることがあるのかどうか。この問題は古くから論争の種で、数千年前の古代エジプト人も、同じ疑問に頭を悩ませた。だが、スタンフォードには有利な点があった。動いている物体を見る技術が、ようやくウマに追いつこうとしていたのだ。

時は写真の時代で、スタンフォードは賭けの決着をつけるべく、エドワード・マイブリッジなる写真家を指名した。当時写真の乾板はガラス製で、撮影の直前に湿らせておかなければならず、連写することは不可能だった。ただしそれは、カメラ一台で撮ろうとする場合だ。マイブリッジは一眼レフ（単レンズ）カメラを二四台と、大型カメラ（一台にレンズが一二ついているもの）を一二台使い、露出時間を機械式と電磁式の時計で六〇〇〇分の一秒まで厳密に調整した。半秒の差が同時と考えられていた時代だった。

一八八二年、結果が公表され、スタンフォードは賭けに勝った。トロットしているウマの肢は、一駆けのうちに二度、完全に地面を離れていた。

スタンフォードの賭けに決着をつけてやったあと、マイブリッジは、本腰を入れて動物の動きを科学的に解明することに着手した。ウマに関してもっとも多くを語れるのは常に、観察眼にすぐれた人々であるわけだが、このときもマイブリッジをはじめ写真家たちがその動きの謎を絵解きするのに最大の功績をあげ、一〇年もしないうちに写真誌ではウマの歩様《ほよう》をどう撮るか、盛んに指南するようになっていた。

一八九九年、マイブリッジは代表作となる『動物の動き Animals in Motion』を刊行した。だが彼が広く影響を及ぼしたのは、科学よりはむしろ撮影技術の発展に対してだった。マイブリッジはガラスの円盤に写真を焼き付け、その円盤を回転させてスクリーンに画像を投影させる方法を生み出した。彼はこれを「動物行動観察器」と名づけた。映写機の原型だ。トーマス・エジソンは「キネトスコープ」にマイブリッジの着想を拝借したが、彼はガラス板の代わりに、都合よくその頃開発されたばかりのセルロイド製撮影フィルムを利用することができた。そのうえふたりは、動画システムに蓄音機を組み合わせて音を出せないかとまで考えていたらしい。

そう、映画はウマから始まったのだ。これはいかにも理にかなった話で、何しろ動くことがウマのウマたるゆえんだからだ。動きと音楽と踊り。音楽において動きはリズムで表現される。ウマの動きについて、人々は歩様を言う。わたしたちは、音楽に耳を傾けるのと同じようにウマの動きを見つめる。まずリズムがあり、わたしたちは心臓の音を聴きながらつま先で拍子をとる。次にくるのは旋律で、それがすなわち、動きの方向と流れだ。

ウマの歩様、すなわちリズムの基本的なものは、誰もがよく知る、常歩《なみあし》、トロット、そしてギャロップだ。同じ側の前後脚を同時に出して進む側対歩《ペイス》や、四本の脚をそれぞれ少しずつ異なるタイミングで地面につける、華麗な見た目のラックのような、「仕込まれた」歩様と、ウマが持って生まれた歩様とを区別すべきだと主張する人もいる。一方、そうした動きも実はウマにとっては自然なもので、単に表に出ていないだけであって、それを顕在化するために手を貸してやったり訓練したりする必要があると言う人もいる。訓練を示す現代語「education」には、「先導する」「隠れたものを伸ばす」と言う意味があり、潜在的な可能性はすでにそこにあることを示唆している。

アイスランドのウマは、九世紀にヴァイキングによって持ち込まれ、一〇〇〇年もの間純血を保って育成されてきたもので、生まれつきか仕込まれたものかというような区別の難しさを体現している。常歩、トロット、ギャロップのほかに、アイスランドのウマがごく自然にとる変わった歩様がふたつある。ひとつはトルトという四拍子の側対歩で、これは平坦でない荒れた道を歩くのに都合がよく、もうひとつは飛びペイスというアイスランドのウマ特有の歩き方だ。

ところで、ウマとポニーの違いはどこにあるのか。餌なのか、交配なのか。ごく明快に、ポニーとは身体高（地面から肩の高さ）一四半ハンド（一ハンドは約一〇センチ）以下のウマをいう、と考える人もいるが、問題は若干複雑だ。この方式でいくとカウボーイが乗るカウ・ポニーは大方がウマのカテゴリーに入るのに、アイスランドのウマは標準サイズでもポニーのものだ。ところが乗せられる重さや骨格、全体重などを勘案すると、アイスランドのウマは立派にウマなのだ。特性として、世界の「野生馬」のほとんどはポニーサイズで、そのためポニーはよく、ウマより荒削りで頑丈で独立心が強いと言われる。しかしそれをロデオ大会の常連のウマに話してみるといい。体格は大事だが、性格と体格はまったく関係しないと言われるに違いない。

馬なりの駈歩キャンターは、「カンタベリー・ギャロップ」からきているウマに任せた歩様で、中世の巡礼たちが大聖堂の門前町でウマを駆るときに使ったとされる歩法だが、時に第四の「生まれながらの」歩様と言われる。一方これは「収縮」ギャロップとも言われ、ウマの前脚と後脚は伸びているよりも（閉じられたアコーディオンのように）ウマの体の下に集まっていることが多い。だが、訓練された動きと生まれつきの動きの差は、およそどんなものであれ、実際にウマが動いているのを見るなりどうでもよくなる。何世紀もの間、多くのウマが特定の歩様をとるよう飼養されてきたため、今では調教の成果なのか生まれつきのものなのか、区別するのは困難だ。ウマが人間にとって非常に魅力的な理由は数々あるが、そのひとつは、生まれと育ちが相互に補完しあっていることを、ウマがさまざまな観点から例証してくれることだ。さらにウマは、実にささいな点に至るまで、議論の種を提供してくれる。たとえば向きを変える前やジャンプに入る前、ウマに収縮姿勢をとらせるのが有効かどうか、尽きない議論がある。それが有効かどうかは、ウマがごく自然に動こうとするのをどれほど尊重できるか、また、何がウマの自然な行動なのかをどれだけ感知できるかにかかっている。すぐれた騎手ならば、個々のウマ、個々の状況にとってベストの折衷案に到達するもので、難しいのはウマのエネルギーをぎりぎりまで抑え、ここぞというときに解放して、ウマと乗り手がともに、驚異的な均衡状態を作りあげることだ。

歩様の違いは、結局のところ、まずはリズムの違いだ。ただそれだけではなく、四本の脚が互いにどう動くのか、対角線上の脚が同時に出るのか、同じ側の脚が出るのかも関わってくる。これが、異なる歩様のそれぞれの拍と組み合わさると旋律になる。常歩は四拍子で対角線上の脚がおおむね交互に出されるが、ギャロップは三拍子で、二〇世紀半ばの西部劇映画などで、大平原をディアブロとかトリガーとかシルバーとかチャンピオンといった名の堂々たるウマたちがギャロップする姿のバックに流れるテーマ音楽が、たいていこのリズムだった。その間にくるのがトロットとペイスで、どちらも二拍子になる。トロットでは対角線上の脚が同時に動き、ペイスでは同じ側の脚が同時に動く。

　ここにさらに、四拍子の側対歩が加わる。たとえば小走りの常歩とゆっくりめのペイス（これはアメリカン・サドルブレッドが見せる歩様だが、もっとも様式化されたものは、テネシー・ウォーキング・ホースの小走り常歩）や、パソ・フィーノとペルーヴィアン・パソの示すパソという歩様がある。パソは速いキャンターに近い。ソブレアンダンドなる派手な歩様はディッシングとも呼ばれ、前脚で水をかくような動きをするのだが、これにも（またしても！）反対意見がある。水かきを好まない向きもあって、このような動きは望ましくないと片付けようとする。確かにウマによっては水かき動作は欠点になる。だがさらにまたしても、ウマを愛した預言者ムハンマドはお気に入りの一頭がギャロップの際前脚を上げて水をかくような動作をするのを好んで「スイマー《泳者》」と名づけていたという。いずれにしろ、こうしたペイスやパソは乗り手にやさしく、ほとんどが長時間の騎乗を快適にするために発達した。のんびりした西部のゆる駆けを独立した歩様であるとする人もいる。これは小走りの常歩とゆるやかなキャンターの間くらいの四拍子歩様だ。

　長距離の移動が普通だった三〇〇〇～四〇〇〇年前に、どのような歩様が多くとられていたかについては、ほとんどわかっていない。わたしたちが今手に入れることのできる史料は、絵画や線刻、彫刻などすべて視覚的に表現されたもので、かなり様式化されている。そのうえ、動きを捉えているというより、一定のポーズを描いたものだ。ただ、ウマは過去数千年あまり(エクウスが初めて地球上に出現してからの四、五〇〇万年という時を思えば、ほんの瞬きする間だ)ほとんど変化していないので、当時の歩様も現在のものとかなり似通っていると仮定することはできる。現在行われているウマを使ったスポーツの数々――三日間の総合馬術競技会や競馬、エンデュアランスやロデオなど――からも、異なる状況下にどんな動きが合っているのか、大いに推測できる。

いくつか想定できるのは、まず、輝く甲冑に身を包んだ騎士はきっと、ゆったりした歩調のアンブル程度の足並みでしか進めなかっただろうということだ。ウマの背には、騎手と装具とを合わせて三〇〇キロもの重さがかかったからだ。一方、馬上の戦士として名を馳せたアレクサンドロス大王やチンギス・ハーンは、移動距離や範囲、要した時間などを考え合わせると、速い常歩とゆったりしたキャンターの中間くらいでウマを走らせたと考えられる。アレクサンドロスやチンギス・ハーンを敵が描写すると、恐ろしいほどの速さが強調されるが、それは敵の陣地を駆け抜けた彼らの勢いに、その場にいた兵士たちが衝撃を受けた結果だろう。

元知事のスタンフォードの賭けが物語るように、ここはウマに関わる人々の間に絶えざる論争を呼ぶところだ。ウマの動きに関して厳密に定義づけるのは、途方もなく困難で、結局のところウマに関する論争は、おそらく人々が常時ウマに乗り、あるいは馬車を駆って、ウマとごく身近に接するようになったときからすでに始まっていただろう。だが昔の人もたぶん、現代の自動車使用者の多くと同じで、毎日使い、それなりに手入れもするけれども、どういう仕組みで動いているのかは正確には知らないというのが正直なところであろう。

うまく動くのも重要だが、見栄えのよさもまた、特にウマにとっては昔からずっと大切だった。人間と同じで、ウマも気分よくいるためには見目よくなければならない。なかには、ウマは自分の見てくれなど気にしないと言う人もいるけれども、そういう人はウマのなんたるかを知らないのだ。

ウマは古来、様式美作りの担い手だったし、自分の見た目や周りからどう見られるかをいたく気にする。わたしたち同様、「髪型」が決まる日と決まらない日があり、決まらない日はとことん悪い日だ。そこで、グルーミングが重要になってくる。群れにいるウマの場合、グルーミングはほかのウマ——家族の一員や友だち——にやってもらわねばならない。実際に群れの中でグルーミングするときには、友だちが家族を出しぬくことが多い。

人間がウマの世話をするようになると、ほどなくグルーミングは人間の役目になった。さらに人は、ウマを飾り立てた。最初は埋葬のためだった。やがて、生きているウマに着せるものも次第に手が凝んでいく。古代社会を含め、さまざまな文化の中で、ウマの見栄えをよくするために飾り付けていた証拠がある。一万五〇〇〇年から三万年前の壁画のウマでさえ美化され、鼻づらは細く、鼻腔は白く、肩には筋が入るなど、装いを凝らして描かれている。

カルガリーのロデオの祭典スタンピードは、西部最大級のロデオ大会で、一九一二年に始まった。これがやがて西部大平原を代表する祭りとなっていくのだが、すでにブラックフット族最高位の指導者になっていたクロップ・イヤード・ウルフはこの年、二〇〇〇人の同胞を引き連れ、堂々たる正装で街中をパレードしてからスタンピードの会場に入ってティピーを設営したという。ウマはいずれも最上の毛布と鞍、ビーズや象眼模様を施した馬勒や腰布で飾られ、マスクをつけたウマも一頭、額革に羽根飾りをつけたウマが二頭いた。羽根飾りは戦いで身を守る護符だった。こうした飾りは、古い伝統だ。シベリア南部のパジリクと呼ばれる土地の付近には、紀元前三世紀頃と思われる墳墓があり、フェルトのマスクと頭飾りをつけたウマが埋葬されていて、これはほぼ確実に、数世紀前のスキタイ人の習俗を受け継いだものと見られる。なかには、当世のド派手なパンクロッカーやピアスだらけの人でさえ唸るほどの装飾を施されたものもあった。

流行は時と場所に左右される。しかし時代を超えて共通する要素がひとつあり、それはモデルに花道を歩かせたり（オートクチュール）、道を走らせ（装飾馬車）たりして、動かしてみせることだ。馬上槍試合やキツネ狩りでも、パレードや品評会でも、人間はウマを布や宝石で飾り、そして動かす。

戦いに赴くクリシュナとアルジュナ。18世紀、インド

宗教儀式でもそうでない祭りでも、ウマはしばしばその中心に据えられ、白馬や黒馬や葦毛など特定の毛色が、結婚式なり戴冠式なり葬礼なり、個々の式典に応じて選ばれる。神話に目を向けると、北欧神話のオーディンは八本肢の白馬スレイプニルで空を駆け巡ったし、バガヴァッド・ギーターでは、ヴィシュヌ神の化身のひとつクリシュナが、二頭の白馬に引かせた馬車を操っている。真鍮製の馬具は、少なくとも二〇〇〇年くらいは、邪眼を退ける魔除けとしてつけられてきたが、特に勝利の凱旋などは魔につけ入られやすい慶事だけに、そうした魔除けが必須だった。また蹄鉄は幸運のお守りとして、今でも玄関などに釘で留めつけられていることがある。

こうした出来事やしきたりを大いに特別な機会にしてきたのが、ウマの存在だった。ウマは儀式の守り手であり、現在に過去の姿を投影し、未来の姿を示してくれるのである。歴史が始まって以来、パレードには常にウマがいた――古代の洞窟の壁の中を躍動し、サーカスやドレッサージュで踊り、世界の由緒ある都市で王族の馬車を引き、そして、この地上にわずかに残された平原で自由に駆け巡る。

人は、ウマの背に騎乗したのが先か、ウマに引かせた荷車に乗ったのが先か、答えはまだわからない。荷車は歴史上、騎手と同じくらい重要で、確実に言えることはひとつ、ウマの「上に」乗るのは野蛮、ウマの「後ろに」乗るのが文明的と長く考えられていたことだ。紀元前一七八〇年頃、ユーフラテス川中流岸の都市国家マリの典礼長が、王ジムリ・リムに宛てた手紙で、王はチャリオットあるいはロバに乗り、決してウマには乗らないようにと進言している。

乗ってはいけない理由は明記されていないが、おそらくいくつかあったものと思われる。たとえばそれが当時その地域の流行であったとか、ウマがひどく汗をかくからなど。さらにまた、乗馬があまり普及しておらず、王が熟練していないと、転げ落ちたり振り落とされたりする恐れもある。神になぞらえられ、崇拝されるべき身にはあるまじき光景だろう。

この手紙は、ウマの扱いに関して記された最古の文書で、アジアから来たヒクソスがエジプトを圧倒し、ウマを持ち込む直前に書かれたものだ。エジプト人を含め、当時はほとんどの人がロバを使って物や人を運んでいた。乗り手はロバの後ろのほう、腰のあたりに——いわゆるロバ乗り——座り、首のすぐ後ろにまたがることはなかった。この地域の特権階級が一五〇〇年後にもロバに乗っていたことは、イエス・キリストがロバに乗ってエルサレムに入城したことからうかがえる。しかしその後わずか数世紀経つと、預言者ムハンマドはウマに乗って天に召された。

長い間、ウマに乗ったのは遊牧民だけで、季節を追いかけながらウマの群れを育て、肉と乳を手にした。そして時には、周辺の人々を襲った。三〇〇〇年ほど前にホメロスは、彼らのことを、絶え間なく闇に暮らす牝馬の乳搾りと呼んだが、闇とは単に地理的な意味合いだけでなく、文化的な比喩でもあった。「手を加えられていない」人々はウマに乗り、そこここを奔放に駆け巡る一方、「調理済みの」人々はウマに引かれて街から街へと馬車を駆る。

もちろん、放浪の民も荷車は使った。つまるところ、彼らはウマにできることはおよそ何にでも精通していたのだ。そんな彼らが、荷車をウマに引かせる利点に気づいていなかったはずがない。極東のすぐれた遊牧民族たちは、おそらく紀元前三〇〇〇年頃にはすでにウマを家畜化しており、荷車を引かせる目的で大型のウマを育てていた。

ウマは、背中に載せるより、引くほうがたくさん運べる。けれども引くよりも載せて運ぶほうが、どこへでも行ける。だから、荷をまとめてウマの背に載せるのは、人類史の早い時期から行われていたと考えられる。そこでもうひとつ疑問が出てくる。ウマの背に乗ったのは、人が先か荷物が先か——人といっても、幼い子どもか年寄りが、おとなしい老練の牝馬の背にくくりつけられたのだろう。答えはわからない。ただし、人が――乗り手が――ウマの背で動いたり背後をうろついたりするのがウマにとってはさぞ恐ろしかったのは間違いない。ネコ科の獣が襲いかかってくるのがまさにその方向からだからだ。さらにウマは、おとなしい荷物、動いたりもどちらかに偏ったりもしない荷物が好きだ。だが、一流の騎手でも徹頭徹尾動かずにいることなどできない。アメリカの偉大な騎手エディー・アルカロは、生きた荷物と死んだ荷物（ハンディをなくすための斤量）とどちらがウマにはいいかと尋ねられ、バランスよく置かれた死んだ荷物に一票を投じた。そう考えると、ウマが初めて運んだ荷物は、人間ではなかったと思われる。

誰もが分け隔てなくウマに乗るようになってからも、野蛮な狩猟採集民はウマに乗り、文明的な農村社会の人々は荷馬車や凝った馬車に乗る、という連想は消えなかった。フン族のアッティラ王といった人物像もこうしたイメージ作りに拍車をかけている。ゴビ砂漠を駆った古きモンゴル民族の末裔アッティラ王は、五世紀に西洋社会を侵襲した。そればかりでなく、彼は高度に文明的な発明品である鐙をも西洋にもたらしたと考えられるけれども、一般に蛮族の物語ではそうした側面は語られない。古代の人々の目には、蛮族は邪悪な帝国だったのだ。とはいえ、黒海の彼方の草原でウマを駆って暮らしていたこの蛮族こそが、やがてはアジアからヨーロッパそしてアフリカへと広がり、定住社会を作り上げた。

兵士が槍や弓矢で武装してウマに乗ることはあっただろうし、ヒッタイトやエジプトで、偵察や通信にウマを使うことはあっただろうが、「肥沃な三日月地帯」といわれる文明の進んだ地域に騎兵隊が現れたのは時代が下がってからになる。この地域では元来、ウマはもっぱら、家事用の運搬や戦車を引くのに使われていた。中東全域で、騎乗の兵士が部隊に編制され、戦略的に配備されるようになるには、ジムリ・リム王に宛てた手紙の時代からさらに一〇〇〇年必要だった。

ウマの用い方の変化が起こったのは、戦場が変わったからだ。肥沃な農地を支配していたアッシリアは、たびたび領土の拡大を行った。しかし北方の山岳地帯に住む蛮族は、自分たちの鉱物や金属や木材などを、文明化された侵略者に喜んで分け与える輩ではなかった。戦車が山岳地帯での戦闘には不向きであることに気づき、さらには、とりわけアルメニアの襲撃で騎馬兵士の威力を痛いほどに思い知らされたアッシリアは、ついに紀元前九〇〇年頃、騎兵部隊を組織した。ショショーニ族に敗れたブラックフット族のように、はたまた、ヒクソスに制圧されたエジプトのように、アッシリアは「われわれもウマに乗らなければならない」と言ったことだろう。こうして彼らは騎馬戦に適したウマの育成を始めたのだった（平時の利用のためのロバの育成は、すでに一〇〇〇年近くにわたって行われていた）。充分な数のウマをそろえるために、アッシリアはウマを専門に商うタムケン・シセと呼ばれる職業をも導入したらしい。

あちこちに一見対立する事象が入り混じっていて、そこにはすべからくウマが関わっている。

アッシリアの戦車。アッシリア・ニネベ、紀元前７世紀

遊牧民が文明化されていないのは、単に彼らがウマに乗るからではなく、定住しないからだ。それが一般に認められている説であり、前千年紀を通じて鳴り響いてきた考え方だ。一八七九年に、「未開状態から文明状態へと進んだ民族の歴史はほとんどすべて、狩猟民の段階に始まって、牧夫となり、農夫となり、最後に商工業に携わり、いっそう高度な技術を手にする段階へと変遷してきた」と言ったのは、アメリカ合衆国騎兵隊将校のネルソン・マイルズで、彼は一八七七年に、「未開の」騎馬族ネズパース族のジョゼフ酋長の降服を受け入れて、ネズパースの所有す

るウマをすべて手にした。

のちにジョゼフ酋長は手紙で、こうした交渉事にはつきものの裏切り行為について、一種の諦観を示している。彼が特に気にかけていたのは、自分たちのウマだった。「マイルズ将軍は、できるものなら約束を守ったはずだ。降服して以来わたしたちが味わった苦しみをすべて将軍のせいにするつもりはない。誰が悪いのか、わたしにはわからない。ただ、わたしたちはウマをすべて手放した。一一〇〇頭以上のウマ、そして一〇〇以上の鞍もすべて手放した。ウマがどうなったのか、さっぱり聞かない。誰かがわたしたちのウマを手に入れたはずだ」

また別の将軍、フィリップ・シェリダンは、シャイアン族とスー族のウマを奪い、「役立たずのウマ」と呼んだ。あたかもメリアム報告を予言したかのような言葉だ。それでいてシェリダンは、馬上の人として暮らしを立てていた。

こうした背反は、ウマと人の歴史ではお決まりのことだ。一九八〇年代とごく最近になっても、カナダのブリティッシュ・コロンビア州で、ボビー・アタッチーとは山ひとつ挟んだ地域の先住民が土地の権利を求めた訴訟で、裁判官はこんなことを言っている。原告の祖先はウマを持たず、車両も持たなかったのだから、文明化されておらず、「野生の獣さながら土地から土地へとさまよっていた」と。

だが、人が「野生の獣さながら」土地から土地へとさまよい歩くのを可能にしていたのは、まさにウマの存在だった。ウマのおかげで人は、見知らぬ土地へと渡る鳥の群れのように移動し、新たな街や文化を築くことができた。ウマはどうやら、「未開」と「文明」両方の触媒であるようだ。むしろ肝心なのは、わたしたちのほうが、遊牧と定住をどう見るかだ。

ウマは、人がそのどちらをするにしても、手段を提供してくれた。家畜とともに季節ごとに移動し、狩りをし、家畜の世話をし、これはと思う土地があれば腰を落ち着けて農耕する、そのための手段を。もっともよく知られているカウボーイ・ソング「峠のわが家」の始まりの一節――「おお、われに定住の地を与えよ、バッファローがうろつく地に（O give me a home, where the buffalo roam)」は、この背反を見事につかんでいる。「home（家／定住の地）」と「roam（うろつく）」は音が同じという共通点を持つが、その意味は完全に逆方向を向いている。腰を落ち着けることと、さまよい出ることと。人間の根源的な状態で、これほどの対極はほかに考えられない。この一節を歌うたびに（作曲されたのはおよそ一二五年前だ）わたしたちは、この矛盾を無意識に取り入れ、それがひとつの真実ではなく、ふたつの相反する真実を含んでいるがゆえに記憶にとどめてきた。遊牧民と定住民の両方が、この地上の歴史を形作ってきたのである。

一定以上の規模の集団が移動を始めたのは、気候が穏やかになり、森林が北へ広がっていってからだ。人間はウマ同様草原の生き物で、人もウマもおそらく、自分たちはどちらも、なだらかな丘や開けた土地で、周囲がよく見え、いざとなれば楽に逃げられる場所が好きだという共通点があることに気づいていたことだろう。そこでおよそ四〇〇〇年前、大規模な人口移動が始まり、世界は大きく様相を変えた。これに比肩する変化は、ごく近代までは史上起こらなかったほどの変容だった。アーリアン――とひとくくりに呼ばれるのは、彼らが印欧語族の諸言語を話すからであって、同一の「人種」だからではない――は身の回りの品をまとめ、ロシア南部の草原からインドへ、ティグリス川とユーフラテス川の峡谷へ、そこからヨーロッパへと広がっていった。

古くからヨーロッパでは、「流浪の民」特にジプシーやロマの人々に対する反感があった。この人々の使う言語はインド北西部のものと近く、一五世紀頃に彼らがヨーロッパに達したときから、放浪する生活様式のために一貫して迫害されることとなり、最終的にはナチスの絶滅収容所というおぞましい窮地にまで追い込まれることになった。

しかしジプシーはウマ（そして幌馬車。これは近年では自動車になっているが）と長い付き合いがあって、そのために彼らの生活様式は、絶えず放浪をやめさせ、定住させようとしてくる人たちの目にも魅力的に映っていたのだった。

文明は、定住と農耕とともに始まったのか、それともウマに乗り、走らせたところから始まったのだろうか。どちらでもあり、どちらでもない。

どちらでもないというのは、数万年前の狩猟採集民族社会は、ウマはなく、定住して農耕をしてはいなくとも、ツンドラでも砂漠でも、森林でも海岸でも、物質的にも精神的にも安定して高度な伝承をそれぞれに発達させており、その及ぶ範囲が、動植物を集めて回る、いわば自分たちの故郷と呼べる領域として定まっていたからだ。

どちらでもあるというのは、新石器時代以降の農耕発達の基本要件が、定住してウシやロバ、のちにはウマを用いて土地を耕し、開墾が済めばウマに乗り、あるいは引かれて別の場所に移り、先住者を脅かしてその土地を開墾する、という繰り返しだったからだ。これが文明の発達であり、農耕はこうしてアジアからヨーロッパ、さらにはアフリカから遠くアメリカ、オーストラリアの両大陸にまで広がった。決して気持ちのいい話ではない。えてして狩猟採集民や遊牧の民を陥れ、彼らから強奪することで成り立っていたのだから。そしてこれもまた、ウマがいたことで可能になった。ウマはほかのいかなる要因よりも、気候の変動よりも大きく、文明の浮沈に影響を与えてきた。

それでは、人が初めてウマに乗るなりウマに車を引かせるなりした段階が、定住の兆しであり、「文明」の始まりと言えるのだろうか。それとも、騎乗することは単に遊牧民の「野蛮」な習俗を強化し、変化を求めて移動する欲求に拍車をかけ、この地上に不安定をもたらしただけだったのだろうか。答えはまたしても、どちらでもあり、どちらでもない、だ。

ひょっとしたら、道を逸れ、知らないところを探求すべくさまよい歩きたいという衝動そのものが、人間を人間たらしめているのかもしれない。少なくとも、居住地の環境が我慢できないほど劣悪になったとき、さまよい歩くことができたからこそわたしたちが生き続けられたのは間違いない。また、環境を自分たちの都合のいいように改変しようとすると、今度はわたしたち自身が、環境や周辺の人々にとって危険な存在になる。ウマは、われわれが人間となることを可能にしてくれた。陸地を進み、風景を切り刻み、切り開くことを容易にしてくれた。けれども同時に、陸地を破壊し、そこに暮らす人々の生活の糧を台無しにすることをも可能にしてしまった。ウマは人々をつなぐ――ウマを交えた文化を共有し、土地や言語や生活の糧を分かち合えるように。一方でウマは、人々を引き裂いて、やがて人々は違った道を行き、違う言葉で話し、異なる振る舞いをするようになっていった。

もうひとつの衝動――腰を落ち着けてわが住処を作ろうとする衝動――もまた、同様に本質的なもののようだ。この衝動によって、自然と細やかに共同して大勢の人を養いうる食糧を生産する農業体系が生み出されたばかりでなく、さらには都市や農村、聖堂や小屋や寺院、工場などが、それぞれに問題はあるにせよ、人類の偉大な成果のひとつとして、作り上げられた。

ウマは、農耕のために定住するすべを提供したうえ、農地を定め、これを守るのに役立った。また、そこを基点に、さらに領地を広げていく手立てともなった。ウマは、およそどんなことでも可能にしてしまうかのようだ。ウマが世界を変えたのだ。文字通りにも、比喩的な意味でも。初めて土地を耕した動物はウシやロバだったかもしれないが、農業を容易にし、効率を上げてくれたのはウマだ。そしてもっとも重要なのは、定住者たちがその気になったとき――あるいは飢饉の恐れに見舞われたとき――立ち上がり、他の土地を探そうとするのを後押ししてくれたのも、ウマの存在だったであろうということだ。

では、人間にとって自然なのはどちらなのだろうか。放浪と定住と。それはあたかも、安定や変化の起こる第一の要因は気候か文化かと問うようなものだ。あるいはまた、わたしたちの暮らしを規定しているのが、生まれか育ちかと。ウマは人が気候と文化、生まれと育ちの間をうまく折り合っていくのに力を貸してきた。さらにウマは、放浪と定住という古くからの対比を打ち破るのにも手を貸した。そこにはかつて、たいそう大勢の人々が、経済や政治の資本を投じたのだった。人がいまだに頑固なまでにウマに乗ったまま狩りをしようとするのは、当時の記憶を守りたいからかもしれない。

原初、地上に人間を増やしていったのは放浪の民だった。もっとも大きな集団は中央アジアの草原《ステップ》からアフリカへ、中東へ、インドへと南下し、また東は中国へ、西はヨーロッパへと、またそれ以前には（時間の霧の中へ埋もれてしまっているけれども）、ベーリング地峡を通ってアメリカ大陸にまで到達した。

放浪をやめた一部の人々が農耕と定住の文明化を進めていくと、ウマに乗ってやってきたその次の移民の波は、必然的に原始的な未開人と見なされた。移民たちによって失われた富を数え上げた定住者が次にするのはたいてい、ウマを手に入れ、使い道を一から学びなおすことだった。

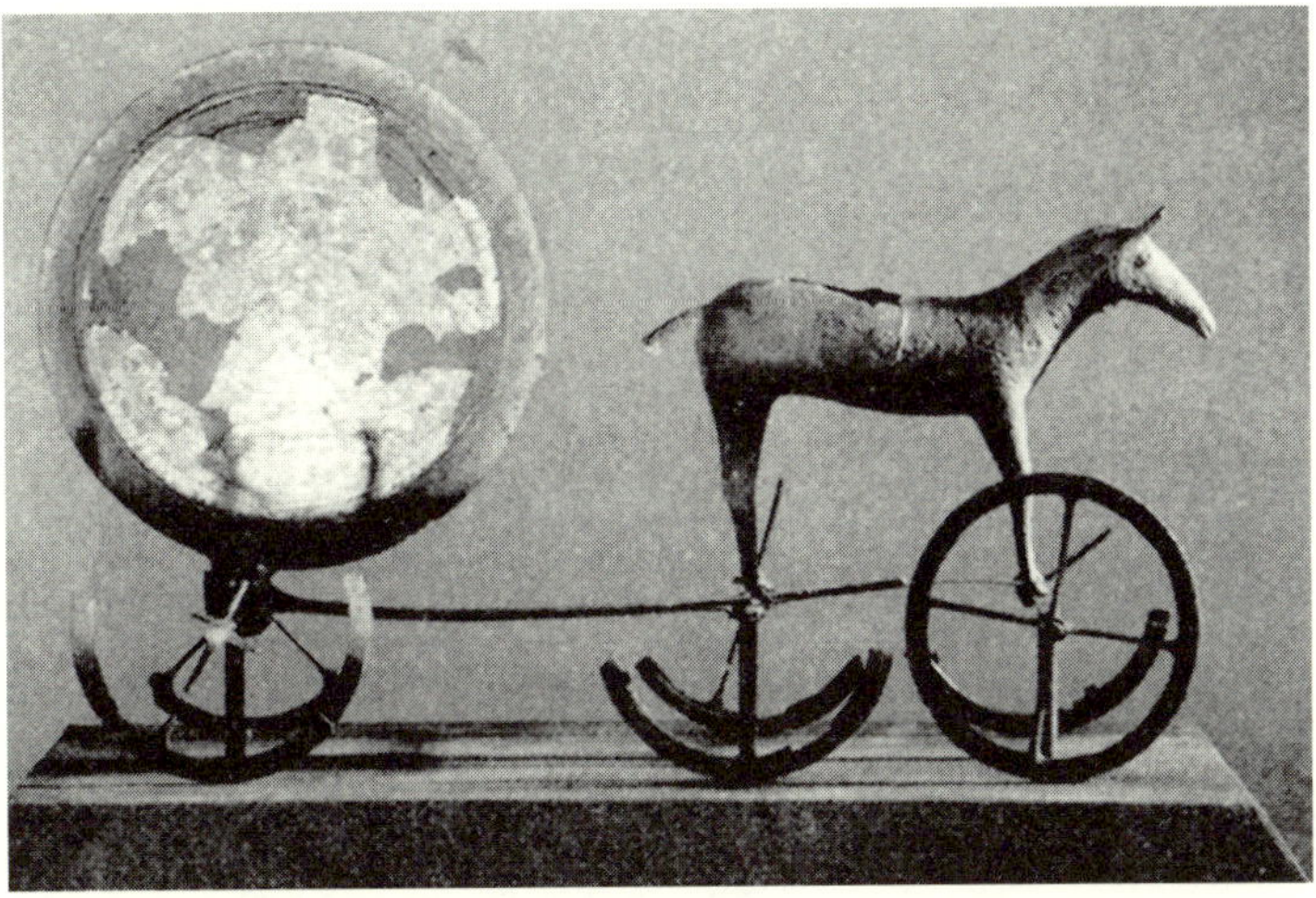

金箔を施した円盤を載せた青銅製の太陽戦車。デンマークの泥炭地で発見された。紀元前10世紀のもの

放浪も定住も、その原動力となったのは好奇心だ。あるいは退屈も一助になったかもしれない。つまり、放浪に飽きた人が定住し、定住に飽き足らなくなった者が放浪するという具合に。ただ、人々の気持ちを地平線の彼方へと向かわせたのは、そしてとどまることと進むことの両方を可能にするすばらしい道具を創出する源になったのは、やはり好奇心だ。

草や木の皮を編んだものや、細長く刻んだ皮や編んだ髪の毛といった繊維を利用するようになったことは、とりわけ意義のある技術革新だった。繊維は火と同様、人間の利に供するべく自然界の力を使いこなすための手綱になる。たとえば帆をくくったり、草の縄を牛やロバの鼻面にかけたり、鼻環に通したりと。次に現れたのが車輪だ。これもまた、動くにも居を定めるにも有用な道具だ。カザフ族によると、カザフという言葉は、放浪を表すトルコ語、または車輪付き荷車を表すモンゴル語からきているという。

車輪と荷車に引き具がつけられたのは紀元前三五〇〇年頃で、はじめのうち荷車は重く、車輪もどっしりしたものではあったけれども、そのおかげで遊牧民は自分たちの住まいや物資を、谷の向こうまで長い期間にわたって動かすことができるようになり、夏や冬のための野営地を設け、それによって、養っておける動物の数を飛躍的に増やすことができた。二輪や四輪の馬車のありがたみは、最初のうちはそれが墓地に頻繁に現れることで実証された。死者を最後の旅路へと運ぶのに役立ったのだ。

人も距離としてはウマと同じくらい長く歩ける。けれども平地をウマほど速くは進めない。また、運べる荷物もウマには遠く及ばない。荷車のあるなしにかかわらず、ウマがまず真価を発揮するのはそこだ。荷を運ぶのには何千年もの間、ウシやロバ、イヌが使われてきた。その作業に、ウマはスピードと品位をもたらしたのだ。

重たいテントや食料、衣類など、人が身の回りに持ち運ぶさまざまな物資——テントの垂れ幕や小さな彫刻、小間物や楽器といったものまでを運ぶのに、ウマが有利なのは疑いようもなかった。何でもウマの背中にくくりつけてやればいい。時には、荷物を満載した棹を引かされることもあった。ウマのおかげで人々は、以前の一〇倍もの距離を稼ぎ、最大の敵である天候とも渡り合えるようになった。旅をする一家は、家財をより速く、比較的楽に運べるようになり、草原はもちろんのこと、荷車でなくウマが直接荷を運んでいるのなら、山の中までも入っていけた。

地表の様相を変えたこうした移民は、ウマがいなければ実現しなかった。少なくとも、これほどの大移動にはならなかったはずだ。古え人の多くは遊牧民だったが、ただそれは、彼らが決められた領域内を、ブラックフットがバッファローを追いかけたように、季節を追いかけて移動していた、という意味においてだ。

彼らは好奇心と、世界は自分たちが思い描けるよりずっと大きい場所であるという確信とに導かれて旅をした。彼らはいわば地球村を、想像の中にだけ存在しうるコミュニティを創設し、人のみならず、財や主義までも流動しうるものにした。皮肉にも、そのために世界は大きくなり、同時に小さくなった。紙と印刷技術よりも、電話とテレビよりも、ラジオと録音技術よりも、さらにはインターネットよりも確かに、ウマは人々を結びつけたのだった。

現在のイラクの北部にシュメール人の帝国ができ（紀元前二〇〇〇年代）、南部にアッシリアが出現した（紀元前二〇〇〇年前後）頃には、ウマはウシとロバの役割に取って代わりはじめ、また、上流階級の人間たちが、スポーク車輪をつけた馬車をウマに引かせて移動するようになっていた。

これは粋な移動手段で、荷車も戦車も客車も、新たな技術――とりわけ馬車の長柄とウマとをつなぐ装具や引き具が発達した――とともに、さらには社会状況の変化とともに、変遷した。さまざまな社会がそれぞれに――その地域の環境にあやかりつつ――独自の種類のウマを育成し、独自の様式の客車を開発した。

しばらくの間メソポタミアでは、中国やインド（湿地や砂地も走行できるように非常に大きな車輪が使われることが多かった）でと同じように、円盤状の車輪（充実タイヤ）を備えた荷車が用いられた。やがて使われるようになったスポーク車輪には、いくつかの種類ができた。カナンの人々の車輪を模した馬車は、スポークが四本の軽馬車で、エジプト人はこれをまず八本スポークに改良したのち、スポーク六本に落ち着いた。次に、どこまでもスタイル重視のギリシャ人がまた四本スポークに戻した。流行が国境を越えることもしばしばあったが、たいていの場合地域一帯の好みや特定の地方の独特の様式が反映され、趣味のよさと機能性、実用性とが均衡をとり合っていた。エジプトとギリシャでは、経済行為も含め、社会的習慣のすべてが、馬車が使えるかどうかに左右された。それはちょうど、一八世紀から一九世紀にかけてのヨーロッパや北米で、商業が発展し道路がよくなって、ウマに引かれる運搬手段がとてつもなく多様になりながら、社会階級によって厳然と異なったのとたいそう似ていた。

馬車の種類がどのくらい多様だったか、その一端を挙げてみよう。バルーシュ、二人乗りの四輪箱馬車（ベルリン）、四輪の大型遊覧馬車（ブレーク）、御者台に屋根のないブルーム型馬車、弾力性のある板を車体にした長い馬車（バックボード）、一頭立て軽装馬車（バギー）、一頭立て二輪で二人座席の折りたたみ式幌付き馬車（キャブリオレー）、幌が前後に開く一頭立て二輪馬車（カレッシュ）、二人乗りの一頭立て幌付き二輪軽装馬車（チェイス、アメリカではシェイとも言う）、大型の遊覧馬車（キャラバン）、ブルームに似た箱型四人乗り四輪馬車（クラレンス）、二人乗り箱型四輪馬車（クーペ）、イヌ馬車（イヌが引くのでなく、狩場にイヌを運ぶのに使われた）、ロバ馬車（引いたのはポニー）、左右両側の座席が向き合っている軽二輪馬車（ガバナス・カート）、二人乗り一頭引き二輪辻馬車（ハンサム）、ジョギング・カート、幌なし一座の軽二輪馬車（スタンホープ）、婦人用スタンホープ、幌《ほろ》の前半分と後半分が別々に開閉し、向き合った座席を持つ四輪馬車（ランドー）に小型ランドー（後部座席の幌が折りたためる）、二座席の軽二頭立て四輪馬車（フェートン、これにはスタンホープ・フェートン、婦人用フェートン、スパイダー・フェートン——婦人用を高性能にした男性用——といった発展形がある）、一人乗り一頭立て二輪馬車（サルキー）、二座席四人乗りの軽快な四輪馬車（サリー）、縦並びの二頭引き馬車（タンデム）、覆いのない二輪軽装馬車（ティルブリ）、二輪ばね付きの軽馬車（トラップ）などなど。これでもごく基本的な形で、現代の乗用車の車種さながら、改良型はそれこそ星の数ほどあった。

しかし当初は、それも数千年の間、極めて根本的な問題があった。初期の荷車や戦車に関して見過ごされがちな事実があるが、それはすべて、車輪のついた荷台ははじめウシが引いていて、その後ウマが引くようになったことと関連している。

「引く」というのは便宜的な言い方だ。というのも、ウシからウマへと引き手が変わっても、引き具はほぼ変わらなかったからだ。くびきは、引き手が肩に力をかけられる位置についている。これは雄牛のように肩の位置が高い動物には適していた。しかしウマは体の構造が違っていて、肩にパッドをあて、腹帯や鞅《むながい》で固定されていても、肩ではなく首を使って引いてしまう。

首は、ウマがもっとも力を発揮できる部位ではない。ウマは引くよりも押すほうがずっと得意なのだが、それというのも、ウマは臀部に力があって、荷にのしかかったときもっとも効果的に力を出すことができるからだ。そのうえ、初期のくびきについていた鞅はずり上がってウマの気管を圧迫することがあった。首の下のほうの筋肉が異様に発達したことは、エジプトやギリシャの美術品の多くで見受けられるヒツジ首によく表されているが、圧迫を和らげるには充分でなかっただろう。鞅の中央から前肢の間を通って腹帯まで、余分な革帯が渡されたが、これも完全な解決にはならなかった。

喉と腹をつなぐハーネスは、ウマにとっては快適ではなく、ウマの力を有効に伝えることもできない代物だったが、それでもなんとか用をなした。ウマはこの引き具で何世紀もの間馬車を引き続けたのだ。問題は、馬車を軽く保たねばならなかったことで、当時でさえ馬車は二頭かそれ以上のウマで引いていた。スピードはそこそこ出たが、牽引力は不足していた。それにもかかわらず、鞅と腹帯のハーネスは、古代の西方世界で広く用いられた。一方中国では、その改良型が発達したようだ。

「引く」という言葉は、馬車用車輌の前方にいるウマの動作を表す言葉としていまだに使われている。また、「馬力」とは、いかに遠くまで、速く行けるか、さらにどれほどの重量を引けるかを示す語だ。一馬力は、一八世紀に蒸気機関を開発したジェイムズ・ワットが、荷役馬を使った実験によって最初に定義したもので、一分間に二二〇フィート（およそ六六メートル）の穴から一五〇ポンド（およそ六八キログラム）の重りを引っ張りだすのに要する力（三万三〇〇〇フット＝ポンドと表されることもある）だ。ウマは、引き具さえまともなら、短い時間でその一〇から一五倍の重さを引くことができるし、二頭のウマで三〇馬力以上を生み出せる。

ただしあくまでも、「引き具さえまともなら」の話だ。進んだ文明の人たちは時として単純な事実を見過ごしてしまう。古代エジプト人もギリシャ人も、エトルリア人もペルシャ人も、いずれも幅広いことがらについて智恵の豊かな人々ではあったが、ウマは押すほどには引くほうの効率がよくないこと、積み荷と直結するわっかを頭に回してやれば、ウマはうまい具合に押すことができるということを見抜けなかった。

工学の才に長けた古代ローマ人は、どうやらこの原理を不完全ながらも理解していたようだ。彼らは横木と胸あてを組み合わせることで首にかかる負担をいくらかでも減らし、四頭立て三

ハローで土地を耕す中世の農夫たち。14世紀イングランド

人乗りの戦車カドリーガはこの方式で動力を得た。乗組員は、御者に射手、それに助手の主に三人だが、時には斥候が四人目として乗り組んでいて、このタイプの戦車はこの地域でもっとも粋を凝らしたものとなり、ついでに言えば現代の装甲車のモデルともなった。モンゴル人もまた、「引く」よりも「押す」ことのできる引き具を指向したといわれるが、なるほど彼らは、テントや身の回り品、それに略奪を行ったあとは、その戦利品など、重い荷を運ぶ必要があった。

　中世ヨーロッパでウマの首あてを考え出したのはスカンディナヴィア人だ。埋葬地から出土する史料や、旅行記の記述などによると、九世紀には、農地を耕すために馬に首あてを使うのが広まっていたようだ。農耕には、軽い荷車や戦車を引くよりはるかに大きな力が求められる。この発明は戦争用の重戦車にも強力な動力源となったため、戦時には鋤の刃が武器と取り換えられたのだが、実際には馬が引く戦車は型を問わず、この頃は戦闘にはほとんど使われなくなっていた。さらに数世紀を経て、鋤を引くウマたちは純然たる農耕馬として重用されるようになった。中世の騎兵は装備の重さゆえに次第に姿を消し、残った重量級の軍馬――その頃にはおびただしい数がいた――が働き口を求めて農地に出ていったからだ。

首あてと鐙《あぶみ》は、ウマを手なずけるためのもっとも重要な発明だったとよく言われる。どちらも、わたしたちがウマについて考えるときにつきまとう二律背反の要素をはらんでいる。首あてはウマが「引く」ときに「押す」ことを可能にしているし、鐙は騎手が、ウマの背に座っていながら立つことができる。このふたつは、ウマと荷車、ウマと乗り手とに、新たな力と機動力を与えてくれた。それでも、首あてや鐙が広く使われるようになる以前、戦車兵や騎兵が見事な騎乗を見せたのは、ひとえにウマと乗り手の技量と強さのなせるわざだった。

鐙は騎手に、堅い地面を踏んでいるような錯覚を起こさせる。鐙がなければウマをコーナーまでもっていけないかもしれないし、鐙は銃のように、実際以上の力を得た気持ちにさせる。世界でも指折りの乗り手の多くは鐙がなくともウマを乗りこなし、下手な乗り手は鐙に頼ってウマに乗った。アッシリア人は鐙なしで乗り、両手は弓矢を射るために空けていた。手綱はウマの首に回した首あてに巧みにつながれ、タッセルが重りになってずれないようになっていた。

ムガール人のポロの試合。1770年頃

首あてをすばやく引き、脚で合図することで、乗り手はウマを思いのままに動かした。

鐙のおかげで、さらに、重心を微妙に調整することができ、ウマにも人にも具合のいい位置取りができるようになっただけでなく、両者の意思疎通もよくなった。鐙の使い方がお粗末な乗り手は昔も今も変わらずいるが、鐙をうまく使えればさまざまな可能性が開ける。そのひとつが、人間にはもっとも使い勝手のいいショックアブソーバーである足首――尻よりずっといい――を活かせることだ。そうすると、いい乗り手が理想とする力の抜け加減が、足首に始まり、背中の下から肩、そして手首から手へと伝わっていく。足首の骨は手首の骨につながっているという古くからの言い回しは、騎手にとってはとりわけ正鵠を射たものなのである。ジョン・ジェニングスはまた違ったとえ方をしている。「無駄な動き――エンジンのノッキングのようなもの――の多くは、手がウマを前から『集めて』やろうと干渉しすぎることから起こる。そうではなく、ウマのほうからこちらの手のうちに入らせ、細心の手さばきでもって、ウマが、自分なりのバランスを見つけられるよう促すのだ。最終的には、鞍をつけていても、野原を自由にかけているのと同じバランスと開放感を達成することを目指す」

インドの騎手は、すでに紀元前五〇〇年には、輪になった縄に足の親指を固定する一種の鐙を用いていて、これは世界に鐙を広めたといわれるフン族のアッティラ大王より一〇〇〇年も早い。おそらく鐙は、まずインドから中国に渡り、それからアジアに戻ってヨーロッパに伝わり、シャルルマーニュがフランク・ローマ皇帝となった西暦八〇〇年頃までには広く使われるようになっていたと思われる。

その起源の正確なところはともあれ、鐙は古代インドに高度な馬文化が栄えていた名残りだが、この事実もモンゴル帝国の栄華の前にはつい忘れられがちだ。親指鐙を用いたインドの騎乗技術は、地面と大気の際で絶妙のバランスを維持する正統的な騎乗だ。優雅な馬術の伝統はインド亜大陸に根強く残った。一六世紀初め、チンギス・ハーンやティムールの血筋を受け継ぐバブールがインドにムガール朝を立てたとき、ムガール帝国の宮廷で盛んに描かれた細密画には、絵の題材にかかわらず常にウマが登場していた。それは騎馬民族であった祖先への捧げものであり、栄光をもたらしてくれた生き物への感謝のしるしであったろう。

鐙には明らかな利点があった。鞍にまたがる騎乗者の姿勢を安定させ、疲労を軽減するとともに、軽騎兵、重騎兵のどちらにもそれぞれ適した騎乗姿勢がとれるようになった。のちに鐙はスペインの、そして西部の実用馬具デザインの中心となっていく。なんといっても一日一六時間近くを鞍の上で過ごすカウボーイにとっては、その時間の長さはもとより、手綱を通して人馬ともに緊張を強いられるだけに、できるだけ心地よく支えてくれる馬具が必須なのだ。

わたしの祖父は、一八八〇年代、クロップ・イヤード・ウルフからもらった鞍に乗っていた。鞍は、ホメロスが叙事詩を綴っていた頃のスキタイ人が使っていたものや、それ以前に遊牧民が使っていたものと、おそらくそれほどの違いはない。ウマとともに栄えたこうしたすぐれた文明の暮らしは、時間的にも空間的にもとても遠いものに感じられるが、実際には現在のカザフスタンまで三〇〇〇年以上の歴史が今もなお続いていて、洋の東西を問わず近代馬術に確固とした影響を与えていることが、その文明が今日も確かに各地に息づいている証しだ。

鞍は、ふたつある基本的な騎乗道具——もうひとつは馬勒——のうちのひとつで、すべからく、不可能を可能にするべく作られている。つまり、人間とウマとを合体させるのが目的だ。それはあたかも丸い釘を四角い孔に打つようなもので、人間の尻とウマの背中はぴったり添うようにはできていない。

これに対処する方法はふたつある。ひとつは船乗り流のやり方で、ある方向から吹いてくる風を利用してその反対方向に船を進め、針路を保つ。もうひとつはシェーカー教徒流のやり方で、座り心地のよい椅子を作る。鞍はこの両方を合わせたもので、たったひとつで乗り手の椅子であり、帆でもある。

初期の鞍は鞍と呼べる代物ではなく、単なる毛布だった。二〇〇〇年ほどはこれが充分に用をなしていたが、やがて馬具が（のちには首あても）考案されると、人々は力のかかる方向を調整する方法に気づくようになり、また、ウマや乗り手が身につけるものをどうやって減らせばいいかを意識するようになったと思われる。

古代スキタイの鞍にはフェルトの鞍敷きがあり、これはシベリアの凍土の下、高貴な人の墓で、道連れに首を絞められて副葬されたウマと乗り手を飾り立てた馬具や装飾品を見てもわかるように、美しい刺繍を施されることがよくあった。このフェルト布は、夜にはおそらく毛布として使われたのだろう。鞍本体は革とフェルトでできていて、地元で獲れるトナカイなどの獣の毛を詰めたクッションふたつを革紐や革の端切れでつなげたものだ。クッションのひとつひとつがウマの背骨を中心に左右に振り分けられるように置かれ、乗り手の体重を分散してウマの肩や背に体重がかかりすぎないようにしていた。

この手の、同じように詰めものをした方式の鞍は、やがて世界中で見られるようになった。

アルゼンチンのカウボーイ、ガウチョは、スキタイ人が使っていたのとほとんどそっくりな鞍を使っているし、ブラックフット族をはじめとする平原インディアンは、スペイン人を真似て、バッファローやヘラジカ、レイヨウの皮に、詰めものとしてバッファローやシカの毛を使い、ヤマアラシの針の玉飾りをした鞍を使った。近代馬術の障害飛越用の鞍もそうした最初期の鞍に極めて近しい意匠で、総合鞍のモデルとして広く流通しているが、とりわけウマの背の中央（構造的にはウマのもっとも弱い部分）ではなく肩寄りに体重をかけて乗る人々に使われている。この型の鞍は「椅子型」というより「帆」型で、乗り手は船乗りよろしく風、つまり推進力がすっぽ抜けてしまわないよう常に気を配って乗ることになる。

この場合乗り手に求められるのは、脚と鞍でウマの後ろ半身の力を利用しつつ、それが拳を通して前へ抜けてしまわないようにすることだ。カギはとにもかくにもバランスで、わずかな波にも力の変化にも、たえず注意を払っている必要がある。風と、あるいはウマと争っても決してうまくいかない。

ウマと風はいつも道連れだった。鞍や鐙、頭絡、ハミといった馬具を総称して tack というが、これは海事用語の tackle からきている。そして騎乗者がウマを方向づけるやり方は、船乗りが風に帆を合わせるやり方と驚くほど似ていて、遠回りで、そして常にぎりぎりだ。

別のタイプの鞍は、騎乗史に名誉ある位置を占めていて、これもまた古くから受け継がれている。こちらの鞍には枠があり、しっかりと座ることができる。初めてこのタイプの鞍を作ったのはスキタイの東隣り、サルマチアの人々と言われていて、おそらくは、戦闘用に彼らが軽い槍や弓の代わりに使っていた槍が非常に重かったためだろう。このタイプの鞍に乗っているとかなりの衝撃に耐えることができ、その後、数世紀にわたってさまざまな形で模倣された。アラブの鞍はこの発展形で、前が高く、後橋《こうきょう》（鞍の後ろの反りあがった部分）が広く、腎臓を守るように作られている。そして、ちょうどスキタイの鞍のように、革製の腹帯があり、場合によっては胸や尻にかける紐もついている。一方ブラックフット族の場合、この型の鞍は女性や年寄り、子ども用で、また、バッファローの肉などの荷物を運ぶのにも使われる。横に木の板をわたし、鞍の前と後ろが高くなっていて、ハコヤナギの木でできている。この型でヘラジカかシカの枝角でできたものは、プレーリー・チキン・スネア・サドルと呼ばれる。

サイドサドルについて記したものは、一四世紀に初めて見られるが、当初は女性が横向きに座れるようにした、小さな足置きのついた座布団程度のものだった。それが一六世紀には鞍前方の突起に膝を引っ掛けて安定するようにし、さらには進行方向を見ることもできるような形になった。その後加えられた改良では、バランスをとれるストラップがついたもの、鞍の前部分が乗り手の腿を覆うようになった「リーピング・ヘッド」のついたものなどがある。

形はどうあれ、良い鞍の基本条件は、乗り手がバランスをとれて、脚でウマに的確に合図を送れる位置に乗れること、そして体重がウマの腰にかからないことだ。トナカイを追うためであれ戦のためであれ、障害飛越や馬場馬術といった馬術競技のためであれ、良い鞍は乗り手の脚が体の真下にくる。

ジョン・ジェニングスは、豊富な経験からこの問題について語っている。「ウマだけ取り去って乗り手を地面においたとしても、乗り手が完全にバランスを保っていられるようでなければならない。膝は曲がり、背中はやや反り気味で、肩の後ろから鞍の後ろ、かかとの後ろにかけて一直線になる。かつては、よくできたカウボーイの鞍は自然にこの姿勢がとれるようになっていて、乗り手はほとんど脚と体重移動だけでウマを動かすことができた。今ではカウボーイの鞍は、乗り手がアームチェアに座っているような姿勢になるものが多く、脚で合図を送ることもできないし、体重はウマの尻にかかってしまう」

良い鞍の条件は用途によっては変わらないので、ドレッサージュから障害に移るときも、騎手はただ鐙を短くし、前傾してウマの後方にかけていた体重をはずし、座部を後ろに、体を前にすることで重心は同じ位置に保つようにすればいいだけということになる。

拳よりも脚を使えるようになると騎乗はよくなる。これは、ウマと乗り手が少しずつ譲り合って可能になることだ。ウマは締め付けられると本能的に押し返そうとする――それが「引く」力と馬力のもとだ――ので、脚の締め付けに対して譲歩することを覚えなければならない。一方乗り手は、手を使うのを控えることを覚えなければならないのだが、これも自然には反する。というのも、人間は大事なことは手を使おうとする生き物だからだ。

ここで頭絡とハミが登場してくる。長い年月のうちに、騎乗のスタイルは大きく分けて二系統出てきた。ひとつは鞍にしっかりとつかまり、頭絡とハミによってウマの口に合図を与えてウマをコントロールするもの。もうひとつは体重移動と鼻への刺激でウマに合図を送るものだ。どちらのスタイルにも、それぞれの目的と場があり、すぐれたウマ文化はいずれも、その両方の要素を組み合わせた騎乗方法をとっていて、過去一世紀ヨーロッパとアメリカでは、両者の折衷的な乗り方が支配的だった。

もっとも古いコントロールの手段は鼻環で、ウマ以前に雄牛を制御するのに使われていた。頭絡ははじめ、草を編んで鼻の周りに巻きつけた紐であっただろう。のちにはそこに、下あごの周りの縄が加わった（ブラックフットはこの手の頭絡を復活させ、「戦争頭絡」と呼んだ）。いずれかの時点で、ひとそろいの手綱を鼻環に通すか鼻から首にかけるかして、騎乗者ないし後ろに取り付けた荷車の御者が、ウマの鼻面に合図を送り、方向や制動を操れるようになった。

ウマを操る方法はたくさんある。書くのがはばかられるような手段もある。だが動作の要は頭だ。だからこそ昔は、荒くれと言われたカウボーイたちでさえ、ウマの鼻面をぞんざいに扱ったりは決してしなかった。そこは神聖な場所で、ウマの頭部はウマのものであり、野生馬を馴らすことを生業とするブロンコバスター――アルゼンチンではドマドレス、メキシコではアマンサドレスと称した――は、ウマの頭や肩を痛めつけると馘になることもあった。調教師とはウマを教え調える者とはいうけれども、実態としてはウマをなだめ、馴らす人であり、彼ら

翼のあるアイベックスで飾った小勒《しょうろく》。イラン。紀元前８世紀から７世紀のもの

の仕事はウマに鞍を受け入れさせて、鞍をつけてもおとなしく立っているように仕向けることだ。そのあと走れるように訓練するのは乗り手にかかってくるのだが、人間を恐れるウマを相手に仕事をしたいと望むカウボーイなどいない。

ウマは鼻が大きいので、舵取りや制動にまず鼻が使われたのはごく自然なことだった。それからまもなく、今度は口が使われるようになった。鼻と口と、どちらが制御に適しているか、五〇〇〇年にわたって論争が続いている。だがウマの鼻と口は場所的にさほど離れてはいないので、どちらかが動いている間もう一方がまったくその動作に関知せずにいられるわけでもない。頭絡もハミも、たいていはその両方に力を伝えることになる。

もちろん、歴史の中には鞍も鐙も使わない型破りな乗り手はいたわけで、同様にハミも、頭絡すらも使わない乗り手もいた。ハミが普及したあとも、長い間ハミを使わずに騎乗する伝統があり、北米では、耳の間に軽く鞭を当ててウマを制御することがあった。ロバを操るのに今でもこの方法をとることがある。

しかし、頭絡の起源がウマ文化の最初期、つまりウマを家畜化した当初にまでさかのぼれるのと同様、ハミの起源もその頃であるのは間違いない。「カルト・スタリオン」の見つかった銅器時代のウクライナのデレイフカ遺跡から、証拠となる遺物が出ている。ハミ（銜）にもふたつの基本形がある。水勒銜《スナッフル・ビット》と大勒銜《カーブ・ビット》だ。スナッフルは六〇〇〇年ほど前からあり、口の中に滑り込ませたハミ身を前歯と奥歯の間の空間に噛ませることで、舌と口角に作用する。ウマには下あごに、歯槽間縁と呼ばれるそうした隙間があって、骨なり金属の棒片なりをあてがうことができるとわかったのは、人類史上大きな発見だった。これはウマが草や葉、枝などを口に入れて真剣に咀嚼する前にしばし貯めておくための口の中のポケットのようなものとして進化したのだが、ちょうどハミを噛ませるのにおあつらえ向きだった。

ウマの体が大型化し、餌に効率のいい穀物が混じるようになると、舵取りや制動にもっと大きな仕組みが必要になり、スナッフルを真ん中で「合体《ジョイント》」させて、顔を刺激できるようにした。ハミ身の両端に取り付けたハミ環やチークと呼ばれる棒状の部分で、顔への圧迫の強度を増すこともできる。現在ではスナッフルはほとんどが合体型で、ハミ身の端のハミ環に通した手綱で扶助する。

カーブはこれよりも時代が下がり、おそらく紀元前四世紀前後のケルト人が始めたものと思われる。古代ギリシャの歴史家クセノフォンが、その少しあとにカーブについて言及しているからだ。ハミ身の部分はスナッフルとほぼ同じだが、頬革をあて、ハミ身の端にハミ枝かくつわ鎖《グルメット》を加えることでこの作用が働き、頭部か下あごに力を伝えることができた。一五〇〇年間、ハミといえばほとんどの人がこのカーブを用いるようになって、一度これがいいとなったらなかなか変えられない頑迷な馬乗りの常で、カーブではなくスナッフルでウマに乗っていると物笑いの種にされたものだった。だが最近では、鼻革つきのスナッフルが復活してきている。

　スナッフルに続きカーブができると、それ以上新しいハミは出なかった。どちらのハミも、多様な乗り方を可能にしたし、どちらのハミも、騎乗スタイルに合うようにありとあらゆる改良が加えられた。開けた土地に住んでいたスキタイ人は――平原インディアン同様――弓矢を使った狩りや襲撃に具合のいい乗り方を発達させた。ハミは水勒で手綱はゆるく両手を空け、競馬の騎手や障害飛び越しショーの騎手のように大きく前傾してすばやくウマを走らせた。

　古代ペルシャやギリシャでとられていた騎乗スタイルはもっと背筋を伸ばし、ハミを使って(口角を引き上げて)頭を上げさせ、ウマの後ろ半身が体の下にくるようにさせていた。

　さらにはカウボーイだが、縄で舵を取るため鞍の上にすっくと背を伸ばし、よく調教されたウマならばハミをまったく使わずに乗ることもあった。自由闊達な乗り方をするのが「蛮族」で、「文明人」はかしこまって泰然と騎乗するというイメージは何の根拠もない。どちらも環境に即した乗り方をしているだけで、れっきとした馬術理論の産物なのである。

目に見えて明らかな相似や差異も、必ずしもあてにはならない。祖父の使った頭絡はハッカモアと呼ばれるハミのないタイプで、友人だったクロップ・イヤード・ウルフの使っていたブラックフットの頭絡と見た目はよく似ていた。ところがこのふたつの頭絡はまったく異なる原理で使われ、祖父の頭絡はウマの鼻に、クロップ・イヤード・ウルフの頭絡は口に合図を送るものだった。

ブラックフット族の頭絡がよく戦争頭絡と呼ばれるのはこれが戦時に使用されたからだが、ブラックフットはこの頭絡をバッファロー狩りにも毎日の行き来にも用いていた。これは一本、あるいは撚《よ》り合わせた生皮で作られる。一方の端に「ホンダ」と呼ぶ小さな輪のある皮の縄をウマの首に回したら、結び目を小さくふたつこしらえてウマの口に収め、下あごにしっかりと巻きつける。次に、輪のないほうの端を首の反対側に回してホンダをくぐらせる。ホンダのある側が第一手綱、ない側が第二手綱になる。縄の残りは長くて九メートルほどになるのだが、これは丸めて乗り手のベルトにたたんでおき、ウマやウシを捕らえる投げ縄にしたり、もしも投げ出されたときにはウマが逃げていかないように捕まえておくのに利用した。

人とウマとの共同作業の際の常で、この頭絡にもさらなる工夫がたくさんある。たとえば制御の難しいウマの場合は口の中に入れる部分にもうひとつ、三番目の結び目を作る（生皮の結び目はウマの唾液で口の中で膨らむ）などだ。ブラックフットは競馬には結び目をひとつだけにしていた。一方パレードを歩かせるときにはロープの輪——時には動物の頭皮——をウマの顎の下に長く垂らして、ウマが頭を下ろすと鼻面を打って頭を上げさせた。

祖父の使っていたハッカモアの起源は古く——ハッカモアという語は、アラビア語のハクマから派生したスペイン語のハキマに由来する——、生皮を分厚く撚った鼻革（ボサル）に大きな結び目（ヒール・ノット——蹄結び）をこしらえてウマの顎の下にくるようにしたものを、耳の後ろに通した軽い項革で固定し、それを額革で留めている。ウマのたてがみか綿で作った比較的重い縄をヒール・ノットにつけ、何度か巻いたものが手綱になる。どれくらい巻くかは、乗り手がどの程度の圧迫を与えられるかで決まってくる。頭絡は大きな結び目と手綱によって、またしっかりした鼻革によって安定する。これに、喉から首の後ろを通した喉革を加えて、ヒール・ノットが下あごにめり込まないようにするのが普通だ。

このような仕組みで、結果としてウマへの刺激は口ではなく鼻に伝えられて、方向を指示する。これは「鼻」流儀の極致で、戦闘や、全速力で家畜やバッファローを追う仕事の際、長手綱と乗り手の体重移動で扶助する伝統を引き継いだものだ。ポロ競技ではすばやい方向転換やスタートダッシュが必要なため、ポロのウマを調教するのにハッカモアが使われるのも、うなずける話だ。

ハッカモアを使いこなすには、繊細な手と体重移動でウマを扶助する感覚が求められ、またその努力に見合うだけの騎乗の喜びも得られるものだが、てこの作用が実に重要であり、かつ鼻はウマにとってはとても敏感な場所なので、うまく扱うには知識と経験が必要だ。そこで、舌を楽に動かせて口への当たりを和らげたポートハミという曲がった部分（Uの字をさかさまにしたような形）のあるハミ身のカーブハミを併用することがよく行われる。曲がった部分が大きいと、手綱を引いたとき、上口蓋により大きな作用を及ぼせるが、熟練したウェスタンの騎手がこの馬具を丁寧に扱うと、こうした馬具を、伝統はあるものの荒っぽいスペイン乗馬の流儀を受け継いで野蛮だと馬鹿にするヨーロッパの乗馬サロンの人々などより、はるかにウマに苦痛を与えずにすむ。

一八八〇年代、牛飼い《バケーロ》の調教師たちがハッカモアを西部に持ち込んだ。スペインの植民地時代からバケーロに伝わる伝統で、それ以前には七世紀にイベリア半島を支配していたムーア人が用いていたものだ。クロップ・イヤード・ウルフの本拠地アルバータ州のミルク・リバーにほど近い牧場で、バケーロがウマを捕まえる様子を一八八四年に記したものがある。「ねじった縄をウマの前肢に投げて、倒れているところにハッカモアをかけ、目隠しをしてから立たせる。目隠しをされて押さえられていると、ウマはさして暴れもせずに鞍を載せられる……ハッカモアは生皮を撚って作った頭絡で、かなり狭い間隔で項革がつき、調節のきく鼻革があって、ハミ枝を引くとウマは息が詰まっておとなしくなり、制御できるようになる」ということだ。

バケーロは、ポルトガル語では vaqueiros といい、ブラジル北東部の乾燥地帯やメキシコ北部、またかつてスペインの植民地だったアメリカ南西部のカウボーイのことだ。一部が群れを追って、はるか北、ブラックフット族の領土、ビッグバードがやってきた丘の国まで流れ、定着した。南に下れば、アルゼンチンのラプラタ川流域の草原――おそらくは世界でもっとも豊かな天然の牧草地帯だ――やブラジル南部のリオ・グランデ・ド・スルあたりに行き着いた。彼らはウシの群れを追う伝説のガウチョで、一方、ベネズエラのラネーロやチリのウワソらもスペインの騎乗技術をアメリカ全土に伝えている。だがハッカモアやウマそのもののように、ウマ文化の源流は結局のところ、遠くさまざまなところから流れでているのだ。

過去も現在も、騎乗スタイルの中には上品でないものもあり、皮肉なことに騎士道の時代には、ハミは恐ろしげなものだった。とはいえ、中世の騎士たちは現代の一部の乗り手よりはおそらくウマに大きな痛手を与えなかったと思われる。彼らはハッカモアの使い手と同様、首手綱で乗っていたからだ。

ウマの身を心配するなど、兵士にはできない贅沢だと言う人もいる。しかしカウボーイもそうだが、古代から中世の騎兵には、ウマの世話をちゃんとしないなどという余裕はなかったはずだ。たとえ替えのウマが何頭かいたとしても、騎兵の生死はウマにかかっていたのだから。それはウマを使いはじめたごく黎明期から変わらず、何千年というもの、人々は大切なウマを物語に、詩に詠んで称え、絵画や彫刻に刻み、葬儀で捧げ、墳墓に埋葬した。

歴史を通じて、ウマを馴らし、訓練することのできる者、乗り手を育てることのできる者もまた、物語や詩で称えられ、褒賞を与えられた。最初から、ウマを鞭打って手なずけようとする人間の数だけ、ウマにささやきかけて従わせることのできる者もいただろう。結果は目にも表れたことだろう。こうしたウマ文化の人々は、今のわたしたちよりウマについてはるかに詳しく、はるかにウマに頼って生きていた。うまくいくやり方を見極め、その上に次を重ねていった。アメリカではレイ・ハントやバック・ブラナマン、モンティ・ロバーツらによって、またそれ以前のヨーロッパではイタリアのフェデリコ・カプリッリ（しばしば「近代騎乗法の父」と見なされる）とアロイス・ポダスキー（一九三六年から一九六五年までウィーンのスペイン乗馬学校校長を務めた）などによってなされた訓練術の改革が教えてくれるのは、多くの人が確かにここに注目しているということだ。彼らの著書が、ポダスキーは『我が馬、我が師』、ハントは『馬と調和して考える』という題であることにも、彼らの信念の一端がうかがえる。調教師たちははるか昔から、新しい手法を試し、古い方法を学びなおしてきたのだ。

ちょうど、好戦的な遊牧民が古代のウマ文化を形作ってきたように、二〇世紀馬術の偉大な乗り手をあまた育て、ウマに対する理解を深める源となったのは、騎兵——二〇〇〇年もの間、戦闘を制する卓越した手段であり続けた——の伝統だった。それ以前にさまざまな仕掛けや工夫が試されてきたあとで、二〇世紀を迎えて形と機能とが不可分に考えられるようになり、ウマの自然な動き、生来の能力といったものが重視されるようになって、ウマと乗り手とのまったく新しい協力関係に基づく騎乗技術が追求されることとなった。こうした変化が、のどかな牧草地から出たのではなく、ローマ、トール・ディ・クイントやトリノのピネロロのイタリア軍の学校に始まり、ポーランドの乗馬学校へと受け継がれていったものだったことは、なんとも皮肉このうえない。これら騎兵学校で学んだ人々が教授法を故国へ持ち帰り、最高のコーチとなったのだった。たとえばアメリカ合衆国騎兵部隊に属していたハリー・チェンバレンは調教法の核心をまとめ、調教本の古典とされる『馬に乗り、馬を馴らす』を著した（一九三五年）。ロシア帝国騎兵部隊に属したウラジミール・リトーは、『馬乗りの良識』（一九五一年）を書き、イギリスのヘンリー・ウィンマレンは『動いている馬』（一九五四年）をものしている。

第4章

歴史を騒がせた名馬たち
――アレクサンドロス大王の愛馬から競走馬まで

「アルプスを越えるナポレオン」ジャック=ルイ・ダヴィッド画。1801年作

歴史上有名なウマは数多い。競走馬では、一八世紀、サラブレッドの祖となったエクリプスや、現代のシービスケット、セクレタリアト、ノーザンダンサーなど。また、英国サラブレッドの祖となったダーレーアラビアン（エクリプスの父祖）や、アメリカのモルガン種の祖となったジャスティン・モルガン号など、血統を築いたことで知られるウマもいる。あるいは神話や物

語の人気者、ペガサスやブラック・ビューティ、マイ・フレンド・フリッカなど。はたまた、アレクサンドロス大王の乗馬ブケパロスをはじめ、ウスコブ・ザ・トレント（ムハンマドのウマ）、ネルソン（ジョージ・ワシントンのウマ）、マレンゴ（ナポレオンのウマ）、ベル・アージェント（トゥーサン・ルーヴェルチュールのウマ）など、戦いの中で高名な人々を支えたことで知られるウマもいる。

だがウマの中でも、ことに戦争におけるウマの中ではもっとも名高いウマには、名前などない。というより、本物のウマですらなかった。

トロイアのウマは木製で、一〇年にわたるトロイアへの攻撃を決着させた。ホメロスの『オデュッセイア』では、オデュッセウスが自分の着想と称する罠を、ギリシャ人がトロイア人に仕掛けたと語る。ギリシャ軍は巨大な木製のウマを作り、中にギリシャ軍兵士を数名潜ませたうえで、船でトロイアを離れた。堅固な要塞都市を攻め落とすことを断念して撤退したと見せかけたのだ。トロイア人たちは——すばらしいウマと見ると手に入れたくて矢も盾もたまらなくなる人々の常で——つい木馬を城内に運び入れてしまうのだが、潜んでいたギリシャ兵たちが夜更けに飛び出してきて、トロイアを征服したのだった。

トロイアの木馬は究極の戦時の姦計だ。計略が成功したのは、ひとつにはおそらくトロイアの人々が、ウマを愛する人の例にもれず、ウマは嘘をつかないと知っていたからだろう。もちろん、ウマは嘘をつかない！　ジョナサン・スウィフトは『ガリヴァー旅行記』の最後でガリヴァーをウマの国――この国は彼らのいななく声から、フウイヌムと呼ばれる――に赴かせたが、フウイヌムたちは「真実でないことを口にするのが」不可能である、と記している。フウイヌムがヤフーと呼ぶ人間とは異なるところだ。

だがトロイアの木馬は変化を促す力であり、その意味では歴史の随所でウマが果たしてきた役割に通じている。ウマが変えたもので、特に大きいのが人間の戦い方だった。実を言えば、現在わたしたちが知っている形の戦争を作り出したのもウマなのである。ウマは戦争を発明したばかりか、軍備拡大競争まで始めたのだ。

だが当初、ウマは単に優劣の違いをはっきりさせてみせただけだった。ウマがあれば勝つ。それだけだ。ウマは現代でいう戦闘機や戦車で、自分たちの優位を自覚していた騎兵たちは、敵に襲いかかり、雨あられと矢や槍を浴びせ、瞬く間に駆け去った。これが騎兵や戦争馬車の戦い方の基本だった。ウマは高さとスピードを与えてくれる。この両者が揃えばほとんど常に相手を圧倒することができるし、開けた土地での合戦ならまず間違いなくウマのいる側に勝利をもたらし、勝者の側の犠牲は極めて少なかった。今日でも、警察や軍隊が騎乗して街路をパトロールしたり、群集を監視したりすることがある。かつては、質のいいウマを所有していない者、ウマを活用する手立てと経験に長けていない者は、騎兵からすれば恰好のカモだった(少なくとも弩《クロスボウ》が、さらに後世ライフルが開発されて、ウマによる優劣の差が多少緩和されるまでは)。だがそうなってからも、戦場を支配していたのはやはりウマだった。

最初期の騎馬民族たちにはいささか侮蔑的な「蛮族」なる呼称が奉られているが、現代の将校たちもフン族やスキタイ人が友軍であればさぞかし心強く思ったことだろう。それほどに彼らの襲撃は稲妻のごとく、領土や墳墓（墓だけが、彼らの知る唯一の安住の地だった）を侵す者があれば、その仕返しは凄絶を極めた。Cavalryという語は騎兵隊ないし機動部隊という意味で、軍隊の機械化が進んだこの一〇〇年の間も生きた語彙として残っている。それは戦争に厳しさを加え、騎馬兵に決定的な優位を与えたウマへの献辞といえるかもしれない。

数千年の間というもの、ウマは戦争において、単独ではもっともすぐれた兵器だった。ウマであれば、どんな種類のウマも道具となった。まずは走るのが速いウマが、襲撃や反撃に使われた。それから飛びぬけて頑丈なウマが輸送車や戦車（チャリオット）に使われるようになるが、これは紀元前二〇〇〇年頃から、とりわけどちらかといえば定住文化を築いている者同士の戦闘において主要な兵器となり、その後一〇〇〇年近く、戦争といえばチャリオットが主役だった。チャリオットにも弱点はあり、特に戦地が平らでないと弱みが露呈したが、相手に衝撃を与える効果は絶大だった。その後、再び速く走れるウマの時代がくる。紀元前一〇〇〇年頃からは、訓練を積んだ組織的な騎馬兵力が普及していった。

ウマと人との歴史を考えれば驚くことではないが、チャリオットははじめアジアから音高くやってきて、西洋世界に激突した。紀元前一八世紀にヒクソスがチャリオットでナイル川河口域を制圧したが、ある記述によると、チャリオットはあたかも弓から放たれた矢のごとく襲い、ウマのひづめが昼となく夜となく轟いて国境線を越えたという。記述には誇張されている部分もあるのかもしれないが、いずれにせよ、これによってアジアのウマ文化が中東へ、そしてアフリカ北部に持ち込まれたのは間違いない。当時この地域にはウマはまだあまりいなかった。たとえばアッシリアでは、ウマ一頭が奴隷三〇人、あるいはヒツジ五〇〇頭に相当した。だがまもなく、誰もが欲しがる戦争玩具のウマをみんなが求めるようになり、周辺地域への襲撃を呼ぶことになった。ことにインド＝アーリア系のミタンニ人が住み着いていたシリアと、紀元前二〇〇〇年頃から軽チャリオットの使われはじめていたカナンが狙われた。聖書に初めてウマの記述が出てくるのは創世記の四七章、ヤコブの子ヨゼフがエジプトとカナンの地から集めたウマやヒツジ、ウシなどの家畜を受け取る場面で、紀元前一七〇〇年前後のことだ。また、ヒッタイトの名伯楽キックリが有名な調教教本を書いたのも、この地域だった。

紀元前一六〇〇年頃には、ついに侵略者ヒクソスを追い出したエジプト人がチャリオット用の良馬を手に入れ、その後割合に短期間のうちに、武勲の誉れ高いトトメス三世が五〇〇〇人からなる師団で構成された常備軍を組織した。この軍には騎兵師団と歩兵師団があり、トトメス三世はシリアのメギドで、記録に残る最初のチャリオット戦を率いた。紀元前一四六九年のことで、敵方はヒクソス連合軍だった。ジョン・キーガンはこの戦いを「歴史上最初の会戦」と呼んでいるが、ここで最初というのは、いつどこで誰が何をしたかが、ある程度確実に判明しているという意味においてでしかない（そのように限定すると歴史は文字になった記録にのみ依拠せざるを得なくなり、かなり範囲が狭まってしまうのだ）。それはともあれ、この戦いはエジプトの歴史にとっては重要な転換点で、ウマが決定的な役割を果たしていた。ご多分にもれず、エジプト人たちもウマへの思慕を絵画で遺すようになった。それは氷河期の洞窟の住人たちが、ウマの姿かたちばかりでなくその神聖さまでも後世に伝えた絵画に通じるものだ。

これがイスラエルの預言者たちにはどうやらお気に召さなかったらしい。彼らもアッシリアの襲撃から身を守るために、エジプトのウマを使っていたのだが。なかでも預言者イザヤは「エジプトに救いを求めていく者どもに災いあれ、ウマにかしずく者に災いあれ、チャリオットを信用する者に災いあれ。……エジプト人は人にして、神にあらず、そのウマは肉にして精霊にあらず」と毒づいた。だがクロムウェルの格言「神を称え、万一に備えよ」の古代版ではないが、イスラエルの民は神と同時にエジプト人にも助けを求め続けた。そのおかげでどうにかアッシリア人を食い止め、悪名高きアッシリア王セナケリブにも勝利を収め、イザヤに触発された一九世紀イギリスのロマン派詩人バイロンに、詩でもって称えてもらえることにもなったのだ。

アッシリアはヒツジの檻を目指すオオカミのごと来たりて
その一隊は紫と金色に煌く

槍の輝きは海に浮かぶ星々さながら
深きガラリアの海に、夜ごと打ち寄せる青い波間に

チャリオットに襲撃されたならば、恐ろしい光景が繰り広げられ、轟音がさぞや耳を聾したことだろう。チャリオットは手ごわい攻撃兵器だったが、戦闘の最中、ウマを完全に制御し切れなければ戦車同士が無残に衝突しあう場面も多々あったに違いない。加えてウマは、歩兵らが放つ矢や槍――ウマにとってはまさしく地対空ミサイルのようなものだ――には弱かった。さらに、チャリオットや騎兵の時代の初期、ウマは比較的小型で、実際には現在のポニー程度の大きさだったため、激しい攻撃にも耐えられるほどの分厚い甲冑を着込んだ兵士を乗せることはできなかった。

ひとつにはこうした弱点のせいもあって、チャリオットは次第に、兵員輸送車としても使われるようになっていく。『イーリアス』においては、チャリオットが戦士たちを戦場に運んでいる。また別のときの記述で、戦利品を運んで戻ってくる場面もある。ホメロスがトロイア戦争について書いたとされる紀元前千年紀の前半頃に、騎兵がチャリオットに取って代わりはじめ、それ以後紀元五世紀に古代ローマ帝国が終焉するまで、チャリオットはおおむね兵士の輸送に、そして軍隊興行に使われていた。興行は、ホメロスが『イーリアス』の第二三歌で詠った競技会のような形をとることが多かった。アキレウスがヘクトールの手にかかって命を落と

した友パトロクロスを悼んで開いた競技会の様子は、大叙事詩の戦いの描写の中でもとりわけ鮮烈に描き出されている。

ウマを手に入れる方法は種々あった。つまり、商取引のほかにも。もっとも広く行われていたのは略奪と年貢で、強国にとってはそれが兵器庫を豊かに（そして他国の兵器庫を乏しく）するもってこいの手段だった。たとえばペルシャでは、強大な帝国の例にもれず、征服地から年貢としてウマを徴用した。カッパドキアだけで毎年一五〇〇頭のウマを献納しなければならなかったし、キリキア（ウマの飼育では知られていた）は白馬を年に三六〇頭差し出すことになっていた。

ただし真っ当な交易にも――少なくともウマの取引は――それなりの価値はあり、すさまじい厩舎もいくつかあった。ヘロドトスによると、バビロンの王族ではないある馬主は、牝馬を一万六〇〇〇頭以上、牡馬を八〇〇頭以上所有していた。繁殖者も商人も、需要に対応することで名声を得た。シリアなど、一部の地域は、産出するウマの質と量で名を馳せ、そのために当時多少なりとも軍事的力のあったものは、誰しもシリアをめぐって戦った。ミタンニ、ヒッタイト、エジプト、アッシリア、そしてアルメニアも、ペルシャも、マケドニアも。

シリアのウマの歴史は図抜けて長く、少なくとも紀元前一八世紀には始まり、アレッポで購入されたダーレーアラビアンが、純血アラブ種の国外持ち出しを禁じたオスマン帝国の令を破

アラブ・サラブレッド。アルフレッド・デドロー画。1846年頃

ってひそかに運び出された一八世紀まで延々と続いた。ダーレーアラビアンはイギリスへ持ち込まれ、チャールズ二世が着手した繁殖の伝統を拡大させるきっかけとなった。ダーレーアラビアンはのちにサラブレッドとして知られることになる三大始祖の一頭だ。あとの二頭はバイアリーターク――一説によれば一七世紀終盤、オレンジ公ウィリアムがアイルランドに派兵した際、バイアリー大尉（のちに大佐）が騎乗していたウマだという――とゴドルフィンバルブで、ゴドルフィンは一七二八年頃、パリで散水馬車を引いているところを、鼻の利くウマ商人に発見されたのだった。チュニジア総督がか

つてルイ一五世に贈ったが、王のお気に召さずに売り払われて路上の荷役馬に落ちぶれていたのだ。ダーレーアラビアンはエクリプスの曾曽祖父にあたるが、エクリプスは競馬全史を通じてもっとも有名な馬の一頭で、一七六四年、日食の最中に生まれた（そして疝痛のため、一七八九年に死んだ）。エクリプスの血統からはその後、イングランド最大の平地レースであるエプソム・ダービーの勝ち馬が一〇〇頭以上も出ている。

ウマの取引にはさまざまな制約があった。ひとつには安全保障上の理由――すなわち軍事的優位を守るためだ。もうひとつの要因は、血統の純血性を維持することだった。よくある話ではあるが、そのどちらの理由にも、高慢と偏見が大きくものを言っていた。一時期アラブ種の繁殖家たちは、一度アラブ種でない牝馬と交合したアラブの種馬は永遠に穢れてしまい、その子孫は、たとえ純血アラブ種の牝馬との子であっても、純血とはいえなくなるし、その逆もまたそうであると、誤った信念を抱いていた。純血にこれほどまでに囚われていたのは、何もアラブ種の繁殖家にとどまらない。世界の多くの場所で、ウマの混血が許されなかったように、人の混血もまた禁忌であったのだ。

「よそもの」の血に対するこうした偏見は、人種に基づく移民政策の原型でもあり、血統を厳格に照らし合わせることがウマの文化のひとつとなっていく。それは現在も続いていて、自分たちの血統台帳や繁殖記録にとかく重きを置くウマの繁殖の世界では、各地で広く行われていることだ。

だが皮肉にも、「混血」によって受け継がれた形質が、名馬中の名馬を生み出しもしたことは、ウマ全般の繁殖の歴史を見ても明らかだし、ことにサラブレッド（「完璧なる配合」の意）なる興味ぶかい名称を奉られた血統に、それがよく現れている。何千年もの間、純血種を守ろうとする努力は、交雑を試みる努力に出し抜かれてきた。ある「血統」に別の系統を混ぜ合わせ、特定の形質を強め、増産しようというものだ。純血を保とうとすることにも、交雑を進めようとすることにも、社会的な要因のみならず経済的な推進力があり、どちらもそれぞれ別の利害を守ろうとする立場だった。だが科学はたいがい、脇へやられていた。

そしておそらくは、それしかなかったのかもしれない。結局のところウマの繁殖とは、ウマに関する多くのことがそうであるように、科学である前にまず芸術なのだ。何千年というもの、ウマはその時々の人々の要求や欲望に合わせて作られてきたのだ——その時々の環境要因ももちろん関係はしていたが、つまりは生まれと育ちがウマを作ったのだ。そして、ウマに乗ることが、馬具やウマを操る技術に関する科学的な知識に基づく行為であると同時に、社会的立場や心理を様式化した行為でもあったように、繁殖の傾向も広く社会全体のものの見方を反映していた。いたって実用的な理由で、たとえば戦車用のウマや騎馬戦用のウマ、あるいは荷役用のウマが必要とされるから育成するということももちろんあった。だが政治的野心が絡む場合もあった。第二次世界大戦後のフランスでは、国家の言語や文化の水準を守ろうとする一環で、単一の血統の乗用馬の育成が奨励された。一方、国家統一規範には二の足を踏むようになったドイツでは、メクレンブルクやオルデンブルク、ハノーヴァー、ウェストファリア、ビュッテンブルク、バイエルン・ワームブラッドなど、地域ごとに恐ろしく多様な血統が発達した。

数千年来、速さや大きさ、持久力の面ですぐれたウマを生み出そうとする努力は、主として戦争という用途に応えるために行われてきた。ウマはその国の軍備の一部であり、一般に敵国にウマを売却するのは、犯せば死罪にもなりうるほど厳しく制約されていた。中世、スペインでもフランスでもイングランドでも、ウマの越境は禁じられ、チューダー王朝下のイングランドでは、スコットランドへの輸出さえもご法度だった。そうした禁令はしばしば破られはしたものの、ウマが当時の社会でいかに重要視されていたかのあらわれだ。

ウマのパレードはどこの社会でも、自らの軍備を誇示する絶好の機会だった。この一世紀ほどは、軍事独裁政権であれ民主国家であれ、戦闘機械を並べて派手に行進し、自国の民衆を感服させ、願わくば他国民を圧倒するのが流行りだったが、ウマのパレードはいわばその前時代版だ。ウマはまた、世界中の公園や広場で、偉大なる（人間としてどれほど偉大であったかは別として）指導者たちをその背に乗せた記念像の形でも利用されてきた。

戦闘馬車をはじめとする輸送馬車が広く使われるようになった紀元前二千年紀、特に効率よく引くための馬具が開発されるまでは、より大型のウマが必要とされた。そこで誰もが、大型のウマを求めた。

古代中国では早くから戦車が開発されて、大型のウマの供給が逼迫していたため、餌をたっぷり与えられて体高一六ハンド（一六〇センチ）にもなったという伝説の汗血馬がたいへんに珍重された。紀元前一〇〇年頃、前漢の武帝ははるか西方への遠征を行い、汗血馬を持ち帰った。皇帝の兵は三〇〇〇頭を捕獲したが、三二〇〇キロに及ぶ帰途を生き残ったのはもっとも屈強な五〇頭だけだったという。

中世期、ウマは重い甲冑に身を固めた騎士を乗せるため、また、槍の威力を高めるため、もっぱら大きくすることを主眼に育成された。その後、火器の時代が到来して騎兵が小型で脚の速いウマに乗るようになってくると、騎士たちの「偉大なウマ」は民間用になり、今日のヨーロッパの荷役馬や品評会用のウマのもとになっていった。平時の荷役用に開発されたと今わたしたちが考えているペルシュロンやベルジャンも、もとはといえば軍馬として誕生し、のちに農耕馬に転じて、鉄道が全盛を迎えるまで、運河の平底船を引いたり、重い荷を運んだりした。広く使われた農耕馬で最初から使役目的で作られたのはサフォーク種だけだ。

目的に合わせて品種を改良し、それに適した馬具を作ることは、ウマの文化を支えていくうえで常に欠かせない努力だ。だがもっとも重要なのは、なんといっても調教である。驚くまでもなく、ウマに関する記述で古いものは、ほとんどすべて、戦争への備えとして書かれている。現に近代馬術も、おおむね騎兵学校から発達してきている。だが、スポーツや娯楽の要素ももちろんそれなりの役割を果たしてきた。チャリオットが時代遅れになってくると、古代ローマ人はギリシャの楕円形競技場に想を得て、ウマを競技場で競走させることを思いつき、凝った「円形競技場《サーカス》」を建造した。最大の競技場がローマのチルコ・マッシモで、二〇万人以上が座れる観覧席があったという。戦車競技は大掛かりな娯楽で、流血沙汰になることも珍しくない荒々しい見世物であり、巨大ビジネスだった。この競技はまた、戦車競技の御者という層も生み出した。多くは奴隷や労働者階級の出身だったが、ウマを操る並外れた才能に恵まれていた。

そのほかの馬術競技、たとえば平地競馬やウマに乗ってするポロ、ブズカシといったスポーツも歴史はきわめて古い。ブズカシは、ヤギまたは子牛の皮に砂を詰めて一晩水に漬け、一〇人から多ければ一〇〇〇人ものチームでその皮袋を奪い合うという、中央アジアではるか昔から親しまれてきた競技で、古代、スキタイの時代にまでさかのぼることができる――その名はペルシャ語で「ヤギを引きずる」という意味だ。際立った騎乗技術と、危険を顧みない度胸とが要求される。

狩猟もまたウマを使ったスポーツの典型だが、加えて、武装衝突に備えた絶好の訓練の場ともなる。というのも狩猟は、騎乗する戦士はもとより、戦闘のためであれスポーツのためであれ、ウマに乗るすべての騎手にとって根本的な難題となるものに取り組むからだ。その難題とは、敵に向かっていくのではなくむしろ敵から逃げ出そうとする、ウマ本来の性質とは逆をいくようにさせるということだ。チャリオットのウマも、騎兵のウマも飛越競技のウマも、その天性とは反対のほうへ向かっていけるよう、調教しなければならない。調教の成果を試すには、狩猟は――戦争を、誰もが了解する合格基準とするなら――、適度に危険でわかりやすい確認手段だった。古代の有名な軍事指導者の多くが、自らの狩猟の腕前を自慢にしていた。たとえばアッシリアのティグレス・ピレセル一世は、紀元前一一〇〇年頃の王だが、チャリオットを駆り、八〇〇頭ものライオンを倒したと吹聴している。この時代、チャリオットとライオンの邂逅が多く描かれたが、それはあたかも、自然界の、食う―食われるの序列を逆転させたことを誇示しようとするかのようだ。

だが、人間がウマに本性に反する行動を強いるのは、狩猟だけではない（乗馬そのものもそうだし、馬車を引かせるのも然りだ）。何かを背中に――本能が、ライオンがそこから襲ってくると告げているのに――乗せることは、ウマにとってごく当たり前の行為ではないし、後ろから何かを自分に捕まらせる――まるでオオカミに引き倒されるときのように――のも、自然にできることではない。まして、そのうえさらに攻撃に赴くのは、完全に本能に逆行する。聖書にウマが登場する場面は多くはないが、ヨブ記の三九章には、本能を克服する勇気を称えつつ、その困難が描かれている。

彼は谷でひづめを鳴らし、己の力に歓喜する。彼は武装したもののふと落ち合う。
彼は恐怖をあざ笑い、恐れてはいない。武器に背を向けもしない。矢筒は彼の腹に当

たって鳴り、槍と盾が煌く。荒々しく、猛々しく、地面を舐め、ラッパの音を信じない。ラッパが鳴るごとに彼は高く笑い、はるかかなたの戦さをかぎつける。将校たちの鬨《とき》の声、その轟きを聞く。

ここでものを言うのが調教だ。ウマの訓練に関する知識も要求される。クセノフォンは、キュロス王が、兄であるペルシャのアルタクセルクセス二世と戦った遠征に傭兵として参加していたため、ウマの世話や調教について彼が書いている内容は、遠征の折に見聞きしたペルシャのやり方に倣っている部分が多い。ペルシャは当時、ウマの育成にかけてはすぐれていると評判だった。ペルシャがメディアを破り（紀元前五五〇年）、当時世界最高の誉れ高かった伝説の騎兵隊を引き継いでから一五〇年ほどの時が経っていた。ペルシャでは、あらゆる階級の人が、誰でもウマに乗るようになっていた。これは大きな社会的変化だった。といっても、貴族階級を脅かす類の変化だったわけではない。ウマは相変わらず社会階級の象徴であり、身分の高いペルシャの人々は、どんなに短い距離でも決して歩かず、ウマに乗って移動することを奨励されていた（これがおそらく、現代の高官がほんの数軒先へ行くときにも車に乗って移動する習慣のはしりだろう）。

だがペルシャ同様にほかの社会でも、高貴な人々が馬車の代わりにウマに乗るようになるまでは、貴族や王族たちは、近習の意見に素直に耳を傾け、比較的安全な馬車の中にとどまった。

馬車はいわば古代のリムジンだった。これは社会的に見ても、戦略的な見地からも懸命な判断で、特に戦場では常態となっていたが、ひとつには支配者たちの多くが格別乗馬に秀でてはいなかったのである。また、戦闘の場もたいていは平地だったため、チャリオットも割合滑らかに走行することができた。

チャリオットを引くウマは、背中を毛で編んだ敷物か革の敷物で保護されていることが多く、戦記などにはしばしば、チャリオットによる突撃場面が描かれている。だが大きな疑問符がひとつある。この中でどうやって統制がとられたのかということだ。

ウマをよく知る歴史家たちが指摘する通り、チャリオットによるのでも騎兵同士でも、合戦に衝突は避けられないし、時として意図的に衝突することもあったと考えられるのだが、それはウマに大きな被害を負わせることになったはずだ。だとすれば、どうしても避けられない場合は別として、まともな武人がそのような戦闘手段をとったのはなぜなのだろうか。そんな危険に晒すにはウマはあまりにも高価だし、チャリオットを引いていたウマの数を考えると、損失は甚大になる。チャリオットは、速く走り軽快に旋回できるよう軽く作られていたから、それをぶつけるのは、アメリカンフットボールのスクリメージで、ワイドレシーバーをタックルやガードに立ち向かわせるようなものだ。それに、衝突があれば追突も当然起こりうる。まして、チャリオットの後方から進んでいく歩兵部隊は、戦場のあちこちにウマが倒れていたら前進もままならなかったことだろう。

また、御者の隣で矢を射たり槍を投げたりする兵士が的確に狙いを定めるには、ウマの歩様はどうしても、ギャロップで全力疾走するかゆったりしたウマなりの普通駆けをさせるかのどちらかになる。ウマの上下動がもっとも少ないのがこのふたつの歩様だからだ。だがどちらもそれぞれに危険をはらんでいる。全力疾走しているチャリオットはすばやく方向転換できないから衝突を避けられないし、ゆったり駆けさせていると敵の射手の恰好の標的になる。

紀元前七世紀頃には、前線においてチャリオットの活動には制約があることと、平地でない戦場での難しさがあいまって、中近東では騎兵の活躍の場が広がっていき、軍隊に飛躍的な機動性をもたらした。ベンハーを別とすれば——チャリオットを駆る御者の堂々たる身ごなしは芸術家や高貴なパトロンたちの目を引く題材としてその後も長く生き残った——、戦記に登場するウマの物語で称えられるのは、多くは騎手であり、御者ではない。

馬上にあってこそ武人たちは——スキタイ人でもフン族でも、アレクサンドロス大王やチンギス・ハーン、イスラムの植民者からキリスト教の十字軍、中南米を征服したスペインのコンキスタドールにせよ大平原のインディアンにしろ——、戦って、征服し、広大な領土を支配することができたのであり、世界中の人々の心を捉え、想像力をかき立てたのだ。彼らの戦記は、戦争の歴史の中でも大いなる戦いとして語り継がれ、今日に至るまで、軍事戦略と騎乗技術とに影響を与え続けている。加えて、現代にも受け継がれているウマの手入れと訓練の典拠ともなってきた。近代の戦闘法は、戦闘機による空中戦も、戦車部隊による地上戦も、騎兵の戦い方を大いに範としている。アレクサンドロス大王率いるマケドニアの重騎兵軍へタイロイやチンギス・ハーン麾下のモンゴル軍のようにすぐれた騎兵部隊は、敵軍を圧倒し、かつその後の軍事専門家たちをも唸らせるような大胆な戦術を駆使した。

紀元前五世紀、ペルシャ帝国とギリシャの数次にわたる戦争において、また、その後古代ギリシャの都市国家同士が戦ったいつ果てるともないペロポネソス戦役において、騎兵は目覚ましい働きを見せた。当時のギリシャではウマ文化はさほど発達しておらず、クセノフォンがウマのことを書いたのも、ひとつにはアテナイの騎馬部隊を改良するためだった。一触即発の時代で、すぐれた騎兵部隊が――よく肥えた使役動物とともに――必要不可欠になりつつあったのだ。それを誰よりも如実に明らかにしたのが、アレクサンドロス大王だった。

マケドニアのアレクサンドロスは、われわれがつまびらかに知ることのできる馬上の戦士のうちでも、もっとも古いほうの部類だ。彼はまた、ウマにささやく人《ホース・ウイスパラー》としても名高かった。

テッサリアのウマ商人が、当時のマケドニア王ピリッポス二世に買ってもらおうとウマを連れてきた。背中の焼印が雄牛の頭、ブーケファルスの形をしていたことにちなんで、ウマはブケパロスと名づけられていた。

それは紀元前三四四年のことで、その頃でもウマ商人は山師的なものと考えられていた。そのウマは、進み出てきたときにはすばらしい名馬に見えた。けれども人が近づこうものなら、とたんに手に負えない暴れウマに変貌する。ピリッポス二世が商人もろともウマを追い返そうとしたとき、御年わずか一二歳であった息子のアレクサンドロス王子が、自分にウマを手なずけさせてはもらえまいかと申し出た。アレクサンドロス王子は、身だしなみを整える道具よりも先にウマを操る道具を手にしていたような若者――それを言うなら、身だしなみを整えるブラシを、自分よりはまずウマのために使うような少年だったに違いない。いずれにせよ王子は、ウマの商人も、そしておそらくはウマ自身も気づいていなかったであろうことに目をつけていた。

王子はブケパロスが自分の影におびえていることを見抜いていて、太陽の方を向かせるように立たせてみた。するとブケパロスは落ち着いて、少年はウマの背に飛び乗り、歴史を刻む一歩を踏み出したのだった。

ブケパロスは、それまで誰も聞いたことがないような広大な帝国を、アレキサンドリアからフェルガナまで、またマケドニアからインドまで、二万七〇〇〇キロに及んでアレクサンドロス大王が築き上げていくのを助けた。テッサリアの平原から連れてこられたブケパロスだが、その血統はアハルテキン種ないしフェルガナ産であろうと言われている。アハルテキン種は中

アレクサンドロスと愛馬ブケパロス。イタリア、ポンペイ。紀元１世紀頃

央アジアのカラクム砂漠の真ん中にあるオアシス、アハル渓谷の産で、三日間水分を摂らなくても歩き続けられるとされていた。ブケパロスは、気温が五〇℃になろうとする地域から、ヒンドゥークシ山脈の氷雪の中、草原や沼沢地、砂漠の日照りや嵐と、ありとあらゆる地形や気候のもとでの戦闘に、アレクサンドロス大王を運んでいった。インド北西部のパンジャブはヒュダスパス河畔におけるアレクサンドロスの最後の戦いで、ブケパロスは戦死した。伝説によれば三〇歳になっていたという。そこで大王は、この地に築いた都市に、愛馬の名前をつけた。

紀元前三三六年、父王ピリッポス二世が暗殺されたことによりアレクサンドロス大王が王位に就いたとき、彼が受け継いだのは、火種をはらんだ領土と、四〇〇騎の軽騎兵からなる斥候部隊と、ピリッポス自らが発案したサリッサと呼ばれる六メートルもある長い槍を携えた重騎兵三三〇〇騎の強力な軍隊だった。サリッサは、先端の刃でまず敵兵の顔やウマを狙う（敵方の槍はもっと短いため、相対してもマケドニア兵には届かない）が、狙い損ねた場合に備えて、末端の石突にも釘が打ってあった。スキタイに倣った楔形陣形をとるマケドニアの騎兵部隊は、ギリシャの方陣より突破力にすぐれ、小回りがきいた。そしてアレクサンドロスは、途方もない大遠征を始める頃には、マケドニア軍のみならず、テッサリア、トラキア、さらにはペルシャの騎兵までも味方につけ、六〇〇〇騎以上の軍勢を有していた。だがこれも、ほんの手始めだったのだ。

ピリッポス王はマケドニア産のウマを増やし、改良した。二万頭もの牝馬を一度に買い入れたこともあったという。ほぼ同時代になるシベリアのパジリク遺跡の出土品から推して、このウマは脚が強く、体高一五ハンド（約一五〇センチ）ほどであったと考えられる。そのほかにも、各地からすぐれた軍馬が集まって、アレクサンドロスのマケドニア騎兵をいっそう強くした。ブケパロスが生まれたテッサリアから、そしてウマにかけてはギリシャよりも歴史の長いトラキアからも。途方もなく丈夫で育てやすいが醜い、と評されたトラキアの母系には、スキタイの血統が混じっていた。こうした各地の血統がすべてアレクサンドロス軍の一部となったのだった。

アレクサンドロス軍精鋭の近衛重騎兵部隊はヘタイロイとして知られ、およそ二〇〇騎ずつの分隊に分かれていた。なかでも特別な王の側近部隊は三〇〇騎を数えた。アレクサンドロスの軍の戦いぶりの実感をつかむために、少しばかり数字を挙げよう。紀元前三三四年、ペルシャ軍と相対したグラニコス川の戦いにおいて、アレクサンドロス側の戦死者は、騎兵がおよそ九〇騎、うちへタイロイからはたったの二五騎で、加えて歩兵を三〇名ほど失った。一方ペルシャ軍の損害は、騎兵と歩兵を合わせて一〇〇〇以上にのぼった。

翌年、イッソスの戦いで、三万に及ぶペルシャのダレイオス三世軍に、アレクサンドロスは四五〇〇の騎兵で対峙した。マケドニア側の損害がウマと歩兵とを合わせて約四五〇だったのに対し、ペルシャ軍は一万五〇〇〇人の兵士を失ったうえ、ウマの多くを略奪された。

二年後、アレクサンドロスはガウガメラのティグリス川で再びダレイオス三世と相まみえた。アレクサンドロスの軍にはいまや七〇〇〇騎の騎兵と四万の歩兵がいたが、ダレイオス軍には騎兵がおよそ三万五〇〇〇、そして途方もない数の歩兵がいた。その数は二〇万とも一〇〇万とも言われている。そのうえペルシャ軍には、車軸に鎌を装備した四頭立てのチャリオットが二〇〇基もあった。戦車鎌はもともと、インドで発明された兵器だった。

ところがこの軍備もダレイオスに勝利をもたらさなかった。チャリオットは歩兵や騎兵に簡単になぎ倒されてしまった。というのも、馬車を引く四頭のうち一頭が仕留められれば、とたんに馬車は使いものにならなくなったからだ。この戦闘でマケドニア側の損害が五〇〇前後だったのに対し、ペルシャ軍は一〇万近い兵を失った。

これでもアレクサンドロス大王には、まだ肩慣らしの時期だった。続く八年間で、彼は軍を率いて西アジアからインドまで進攻し、領土を広げ、彼の野心を支えてくれるウマの数を増やしていった。後方支援は大ごとで、ごく控えめに言ってもウマに優しいとは言いがたい（のみならず移動する人間にとっても決して快適とはいえない）土地のせいで、大王の意に反して困難を極めた。大王は物資を近隣の港へ船で送らせ、荷役馬（一頭が一一五キロ近く運ぶことができた）に積ませたが、おそらくは軍馬にもいくらか運ばせたことだろう。

こうしたウマにどのように荷が積まれたかについては、意外なほど何もわかっていない。だがおそらく、荷をくくる縄や引き具は、何世紀も使い継がれてきたものと大差なかったと思われる。テーブル状のもの、台が層になっているタイプ、ないしウマの両側に荷物籠や鞍袋をかけたもの（カヤック、アルフォルジャとも呼ばれる）だ。アメリカ西部の山岳部で今でも使われているダイヤモンド・ヒッチ結びなどは、アレクサンドロスが目にしていれば必ずや採用されたことだろう。

補給の難しい土地に来た軍のウマは、たいてい自分の糧食も自分で運ばねばならなかった。アレクサンドロスは自軍のウマの待遇にはたいそう気を遣った――つまるところマケドニア軍にとっては、ウマこそ最重要の軍備だったのだ。大王はウマ一頭につき毎日穀物四・五キロ、干草四・五キロ、水三六キロを配給し、可能な場所では週に一度放牧休暇をとった。大王はまた、収穫期に合わせて各地へ進攻した。（記録に残る）こうした数字は気前がいいもののように思われるが、ここからは、アレクサンドロスがいかにウマに配慮していたかをうかがい知ることができるだろう。ウマがなければ彼は文字通り、何者にもなれず、どこへ行くこともできなかったのだ。

馬上のアレクサンドロスはとてつもない離れわざをやってのけている。ガウガメラ戦役のあと、アレクサンドロス大王は二日の間ダレイオス三世を追って一日七三キロも走破し、その後さらに、アレクサンドロスと彼の軍は、蹄鉄を打っていないウマで砂漠地帯を五日間で三二〇キロもダレイオスを追跡した。食料も水も充分には持っていなかったという（そのあげくダレイオスは、配下の総督のひとりに殺されていた）。インドのヒュダスペス河畔では、ポルス軍の戦象とも戦い、これを出し抜いた。それから紀元前三二三年に死ぬまでの二年余りのうちに、アレクサンドロスはギリシャからアフガニスタンに及ぶ大帝国を築きあげたが、それもみな、ウマの力のおかげだった。

アレクサンドロス大王の勝利は、機動力に富む攻撃的な騎兵部隊の威力を示すものではあったが、その後ローマ軍が幾たびか敗走することで、その威力のほどはまざまざと示されることとなった。紀元前五三年には（スキタイ起源の）パルティアに、三世紀にはマウレタニアに、そして西暦三七八年にハドリアノポリスで西ゴート族に敗れたのがそれだ。

古代ローマが、世界を変えるような発明をいくつも行った栄誉を与えられていることは至極当然だ。いたって効率的なその通信輸送システムや整備された司法体系、産業戦略、さらには軍事組織などがわれわれの社会の技術文明の基礎となったのは間違いない。ただ、ことウマに関しては、ローマは先駆者ではなく追従者だった。しかし吸収するのは早かった。とりわけ敵から多くを学んだ。ケルトやゲルマンの民の戦いぶりを初めて見たときは、野蛮だとあざけったものだが、敗戦の痛みを通じて、騎兵と歩兵とを組み合わせた攻撃が非常に効果的であることを身にしみて知ったのだった。彼らはまた武器と装甲をペルシャ人に倣い、騎兵をカタファラクタリイ（甲冑を帯びた騎士）とクリバラニ（騎士もウマもともに装甲している）とに分けた。その両者が、中世の騎士の規範となった。

さらに彼らは、帝国主義者の鑑として誰もがすることをした――つまり、同盟国の人々を徴用したのだ。ほどなくゴート族などのゲルマンの騎兵も、フン族やマウレタニアや上ナイルのベルミ族とともにローマ軍の一部となった。ローマのコンスタンティヌス帝の凱旋門の浮き彫りに刻まれているのが、ベルミの騎士だ。だがそうした多方面に発揮される工夫の才にもかかわらず、ローマ軍は歩兵に重きを置いていて、騎兵は勝利をほぼ確信した場合にしか使わなかった。ローマ人はウマに乗った遊牧民にほとんど生理的な恐怖を抱いていて、ローマ市民の男性は全員、トーガとサンダルを身につけなければならなかった。ズボンと長靴は野の民の装束だったからだ。

ローマ人はその図抜けた組織力を使って、騎兵隊に必要な特別な訓練をしたり、注意深く地

ローマの郵便馬車。紀元前１世紀

形を選んだり、絶え間なくウマの環境整備に目を配ったりしようとはしなかった。アレクサンドロス大王はあれほど手を尽くしたのだったが。とはいえ市民社会においては、郵便事業から戦車競走まで、さまざまな場面でウマは広く使われていた。ヨーロッパでは、西はブリテン島から東はシリアまで張りめぐらされた道路網を、ウマが引く郵便馬車や荷馬車——そしてウマを使った急送便——が行きかい、鉄道や電信が登場するときまで、高速の輸送や通信を可能にした。広くローマ帝国の全土で、新たな血統のウマが導入された。狩猟馬も荷役馬も、繋駕《けいが》レースのウマも競馬ウマも。また、蹄鉄を発明したのも一般にローマ人だといわれる。紀元一世紀のことで、ひづめにはかせた金属の底を革紐で結んだものを「ヒッポサンダル」と呼んだ。ただしアレクサンドロス大王がその三五〇年も前、足元の悪い土地を進むときにはウマに靴を履かせていたとも言われている。

イベリア半島ではローマの影響が強く感じられる。宿敵ハンニバルと戦ったローマは、紀元前二〇〇年頃ヒスパニアに進攻して半島に東方血統のウマを持ち込んだ。そして自分たちが好む競馬などのウマを使った娯楽をかの地に根付かせ、また、自分たちのウマと当地のウマとを掛け合わせて主に三つの血統を作り上げた。ひとつはアンダルシア種の祖先で、体つきは丸くがっしりして、脚が速い。ひとつは優美なジェネットで、歩様は軽やか、尻が丸く、たてがみは波打っている。そしてもう一種は、毛が粗くて小型のガレーゴだ。

ローマのウマ文化との交差による影響はほかにもある。たとえば、ウマはハンニバルに勝利をもたらしただけではなく、彼がナポリ近くのカプアにいた紀元前二一六年から同二一五年に、エストニアのウマとバルブ種とが交配することともなった。結果がナポリターノ種の誕生だ。現在では血統としては途絶えてしまったが、ナポリターノの牡馬二頭が――異なる血統のあと四頭とともに――リピッツァナーの祖となった。

紀元三世紀までには、北アフリカのローマ軍では、さまざまな遊牧民族のラクダの乗り手が、常備軍に組み込まれるようになっていた。というのも、当初この地域や中東の砂漠地帯では、戦士の乗り物といえばラクダだったからだ。だがアラブの人々がすでにエジプトやイラク、シリアに入ってきていて、スピードと耐久力にすぐれたアラブ種のウマが、高貴な強さと美しさの象徴になりつつあった。その起源は正確なところはいまだに、現存するウマの祖先とともに時の靄に包まれてはいるものの、アラブ種の研究家であるフランスの将軍ウジェーヌ・ドーマは、「彼は空と砂の間に生きた。彼をアラブと呼ぶもよし、あるいはバルブと呼ぼうが、トルコと呼ぼうが、ネジと呼ぼうが、大きな問題ではない。これらはいずれも与えられた名にすぎないからだ。一家の姓は、『東方《オリエント》のウマ』である」とすることで、この問題に決着をつけた。

アラブ種のウマの起源を語る物語は複数ある。そうした場合にありがちなことだが、物語はところどころ少しずつ異なっているものの、基本的な意図はひとつだ。アラブ種のウマはとても高貴な血筋から出た、ということだ。

ムハンマドのウマたちは渇いていた。強さと忠誠とを試すために、一週間も水から遠ざけられていたからだ。ようやく木戸が開かれ、ウマたちが水のみ場に殺到したところで、ムハンマドは戦さの合図の笛を吹いた。五頭が戻ってきた。この五頭がもっとも信頼される愛馬となり、その子孫が気高いアラブ種となった。

別の物語では、アラーが南風に向かって、「われ、汝より生き物を造らんとす。固まれ」と命じてウマを創造したという。南風が固まると、大天使ガブリエルが塊をひと掬いとってアラ

ーのもとに運び、アラーは焼けた栗の色、蟻の色のウマをこしらえた。そして、ウマの目の間に垂れている前髪に、幸福をぶら下げた。

また別の話では、史上初めてウマを繁殖させたのはイシュマエル、アブラハムの長子にして、伝承によればアラブ人の祖でもあるという人物だ。彼の血統はダヴィデに続き、ムハンマドの時代の歴史家で、アラブ馬の血統簿をつけるのに熱心であったイブン・アル＝カルビによると、ダヴィデは一〇〇〇頭以上のウマを所有していたという。ダヴィデの死後、彼のウマは息子のソロモンに受け継がれたが、ソロモンはその中から一〇〇頭を選んで、やがて一万二〇〇〇頭以上を抱える厩舎を作り上げる（したがって、申命記一七章にあるモーゼの『王は人より多くのウマを獲ってはならない』という律法にそむいたことになる）のだが、もとになった一〇〇頭のうちでも、ザド・エル＝ラヒブ（乗り手の宝）と呼ばれた牡馬はことに有名だった。ソロモンはこのウマを、シーバの女王との婚礼の折、遠方から祝福に駆けつけたアラブ人に与えた。はるばる敬意を払いに来てくれたことに感謝し、また長く困難な帰り道を慮ったからだ。帰途、狩りをするのに役立てば、と自慢の牡馬を提供したのだ。ザド・エル＝ラヒブはシマウマよりもガゼルよりもダチョウよりも脚が速く、狩りはことごとく成功したため、ウマをもらったアラブ人たちはこのウマを種付けに使うことにした。世界最大の純血統種の始まりだ。

現在のリビア国内のある場所に、八〇〇〇年以上前のものと考えられる岩壁画があるが、ここに描かれているウマは驚くほど現代のアラブ種に似ている。科学的に分析すると、アラブ種はアジア原産のウマが数千年前インドに南下したものの末裔で、北方に残った原種とは独自に発達を遂げたものとみて間違いないようだ。

ムハンマドが求めたような、訓練が行き届き献身的なウマ——ある意味で人間の手本となる——を理想とする考え方は、非常に長きにわたってわたしたちの間で生きつづけている。忠実なウマは、高貴なウマや神馬が称えられるのと同じように、文化や国といった境界線とは無縁だ。これは語り草になるほどにイスラム世界がウマを愛でるようになったおおもとであり、コーランで称えられ、ムハンマドが磨きをかけたのだった。一方、キリスト教世界では、偉大なる騎士道のもとにもなっていて、この騎士道精神が中世ヨーロッパの文明の一端を形作り、現代に至るまでなお影響を与えている。それが野生馬を称えるわたしたちの憧れとあいまって、形として、実態としてのウマだけでなく、精神的に、心理的に、ウマを欲する思いともなっている。理想の世界では、自由に駆け回る野生馬がわたしたちの忠実なる友になってくれると。

ウマを愛するアラブの貴族と、そして当時はまだ新しかったイスラム教の信仰は、六三二年のムハンマドの死後、世界の精神を揺さぶり、中東から北アフリカ、そしてスペインの大部分という領域を傘下に収めた。コーランの第百章は、「鼻息も荒き軍馬が夜明けの襲撃に向け踏みしめるひづめで火花を散らし、土ぼこりを舞い上げて大いなる軍勢に活路を開く……」という一節で始まっている。イスラム教は、キリスト教と同様、信仰をたがえる者たちを改宗させていくことで広がった。そしてムハンマドは、多くの人々を一気に改宗させるには、軍事力が何より効果的であることを最初から認識していた。信仰という使命と物質的な保護、それにウマの管理がイスラムを織りなす縦糸と横糸になったのだ。

これは、ムハンマド以前のその地域の状況から、ごく自然に発生した成り行きだった。ウマは、遊牧の人々が家畜とともに移動する際の輸送手段となっていたし、折に触れ衝突する部族同士の戦いは、たいていは騎馬戦だった。メッカに始まり、六二二年に逃亡したメジナに至る間に、ムハンマドはアラブを、そして世界を変貌させた。変貌は究極のところ言葉によってなされたのではあったけれども、ムハンマドの行いは、戦時にあっても平時にあっても伝説となった。彼はそのすべてを、ウマの功績としたのだった。メジナにあって没するまでの一〇年間、ムハンマドは六〇以上に及ぶ軍事作戦を立案し、自らその半数を率いた。後継者アブーバクルは中東や北アフリカへと版図を広げるために、ムハンマドが頼みとした訓練と献身とを引き継いで、手始めにカディーシャでペルシャを襲った。

だがヨーロッパは頑迷だった。七一一年、主としてイスラム化したベルベル人からなる軍がジブラルタルの岩山を占拠した。続く年月にイスラム軍はイベリア半島を縦断してピレネーを越え、フランスに入った。しかし七三二年、ムーア軍の軽騎兵はポワティエで、重々しく甲冑をまとったカール・マルテルの重槍騎兵と遭遇する。

それは、衝突の原型ともいえる戦いだった。ゲリラとゴリラのどちらに正義があるとは到底言えないように、正と悪との戦いと呼ぶべきものではなかった。重装備のゴリラが勝ったが、機動力のゲリラもまた生き延び、次なる戦いを目指す。このとき、騎兵の戦い方に革新が起きたというわけではない。古代ローマも戦いに騎兵を用いていたし、サルマチアも槍騎兵を使った。ただ、戦場を新しい軍備の試験場にするという意味では、画期的な一戦だった。ここではより大型で強いウマと重い甲冑の戦果が試されることとなった。

イベリア半島は一〇〇〇年近くもの間、イスラム対キリストのみならず、新たな軍事技術の合戦場となった。古代ギリシャの装備は、背中と胸を覆う鎧だった。古代ローマは細長い金属片を用い、行動の自由が広がった。さらに改良が進んで鎖をつないだ帷子が登場した。これは紀元五〇〇年前後にビザンチンの騎兵が用いはじめているが、五〇〇年ののち、イングランドを征服したノルマン人もまだ着ていた（バイユーのタペストリーにも織り込まれている）。鎖帷子は重く、必然的にウマも重くならざるをえなかった。重い甲冑を身につけた槍騎兵のために、ヨーロッパの騎兵隊は鎖帷子に加え、膝や腕、すねなどを守る板金鎧も装備し、ほどなく騎士は全身をくまなく装甲で覆われ、鎖帷子は首と関節部に残るだけになった。したがって、より大きなウマが必要になった。誰もがわれ勝ちに、大型のウマを供給する商売に手を染めていく。一二世紀初頭、カルトジオ修道会の修道僧たちがウマの飼育に手をつけ、ヨーロッパではいち早く、一頭一頭の血統の記録を残しはじめた。

だがイスラム側は鎖帷子のみの軽装備と、速くて敏捷で、アジアや中東の奇襲型騎兵戦に適した純血バルブ種を堅持した。またヨーロッパでも一部の地域では、軽騎兵の効力が改めて示されることがあった。特に顕著だったのが、モンゴルの血を引くハンガリー人による八八三年からのヨーロッパ進攻だろう。わずか一〇年余りの間にハンガリーはイタリアに達し、略奪品を運ぶための荷役馬をいっしょに連れてきた。しまいに彼らは、遊牧民の最大の敵に出くわす――放牧地が不足していたのだ。彼らが農耕地をほとんど神がかりともいえる熱意でもって破壊しつくしたことを考えると、これほどの皮肉はあるまい。とはいえハンガリー人たちもアラブ人同様、後世まで物語や歌に刻まれる猛々しさで、嵐のようにヨーロッパ大陸を席巻したのだった。

中国でおそらく九世紀頃に発明されていた火薬が、中世も終わる頃にヨーロッパに広まるまで、この状態が続いた。火薬は一五世紀半ば、騎兵に対して断続的に使用されるようになったが、戦場でのもっとも有効な使い道が見出されるまでにはしばらくかかった。手持ちの銃――かなり扱いにくく、あまり性能のよくない代物だったが――もスペインからスウェーデンまで、ヨーロッパのほぼ全域の騎兵が携えたが、主として威嚇用で、火器が広く用いられるようになってもずいぶん長い間昔日の信念は命脈を保ち、国は違えども騎兵たちは、弩や火器によって致命傷を与えられる距離が広がっても、臆病者のように敵と離れて戦うより、白兵戦を好んだ。刀剣こそが武器である、とする考えも長く幅を利かせ、それをもっとも顕著に示したのがエジプトの兵員奴隷階級マムルーク――もとは中央アジアの出で、一五〇〇年代の初めにオスマン帝国に敗れた――と日本のサムライだった。サムライの生きた時代、日本では火薬はあまり広く流通していなかった（日本には一七世紀初頭から武器の規制があり、これが文化的にも受容されて極めて効率的に機能していた）。両者はウマの扱いもすばらしく、その調教法は西洋の騎士とよく似ていた。騎士たる者、どこにあっても伝統に従って戦うことを望んだ。そして長い間、リボルバーや連発ライフルが汎用されるようになってからも、騎士たちはそのように戦ったのだった。

ほんの短期間だが、弓と槍が再び前戦に浮上し、戦闘において騎兵が活躍した時代があった。一八六六年の墺普戦争では、五万六〇〇〇騎の騎兵が槍とサーベルで銃とライフルの軍に挑んだし、その数年後、普仏戦争でも九万六〇〇〇人の兵士がやはり槍とサーベルで身を固め、戦争の歴史において最後となる刀剣での総攻撃に出た。騎兵は第一次世界大戦中も登用され、ロシア軍には二〇万騎以上いたが、起用のされ方はお粗末だった。騎兵がいてもいなくても戦果は変わらなかったといってみたい気もするが、それは事実と異なる。ドイツ軍では騎兵の一個師団がロシア軍を足止めしてタンネンブルクの勝利をもたらしたし、英軍ではアレンビー将軍がトルコ軍と対峙したメギドの戦いで――空軍の援護を受けつつ――効果的に騎兵を用いた。騎兵が戦場で活躍した最後の戦闘のひとつだ（メギドでは、紀元前一四六九年、記録に残るかぎりチャリオットが用いられた最初の戦いが行われていて、ちょうど対をなす恰好だ）。第二次世界大戦の頃には、兵員の輸送も機動攻撃も、機械化された「新しい」騎兵、すなわち戦車が担うようになっていた。

かつてはウマが、戦争の黒白を分けるものだった。物語や歌の多くに、颯爽とした騎士のこと、重騎兵や軽騎兵の軍団の果敢な攻撃が謳いあげられてきたが、騎馬兵軍は次第に、火器や新たな戦術に迎え撃たれるようになっていき、ウマには不利な戦場では、強みが弱みに変わり、生が死へと追い込まれてしまう。チャリオットや騎兵とともにあった戦争は、いやおうなく死と結びつき、数千年の長きにわたって、その死は人の死にとどまらず、ウマの死をも意味した。壊滅的な数のウマが、人間同様、負傷のため、さらには飢餓、脱水、病などで斃れていったのだった。

西洋史においてもっとも重要な戦闘と目されることもあるポワティエの戦いから四〇〇年ののち、比類なき馬乗りが東洋から走り出てきた。一一六二年前後の生まれとされるこの馬乗りは、もとはテムジンという名でモンゴルの下級兵士だったが、ほどなく「すべてを支配する者」を意味するチンギス・ハーンを名乗るようになる。彼はモンゴルと（敵対するモンゴルの諸民族を平定したあとに侵攻した）中国北部だけでなく、アジアのほとんど全域とヨーロッパの一部までも制した。まさに馬乗りの勝利だった。何世紀もあとのアメリカ大陸のカウボーイ同様にウマの背で生き、大陸をあまねく走破したのだ。

チンギス・ハーンの騎兵は、後世でいう「自然馬術」の乗り手で、ウマを手で操るのではなく、膝の動きと体重移動で制御した——マルコ・ポーロはこれを観察して、ウマの口を自由に

モンゴルの馬上の射手。中国、明朝

すると描写している。そうすることで、乗り手は乗り手で自分なりにバランスをとり、ウマにもウマなりのバランスをとらせることができた。乗り手は何日もぶっ続けで馬上にあるのも珍しくなく、ウマが草を食んでいる間、あるいは鞍にくくりつけて運んでいる干草束を食べさせている間に休息をとった。またとりわけ厳しい行程では、ウマから抜いた血液で栄養をとることさえあったという。

チンギス・ハーンの偉

業は、マルコ・ポーロの記録によってよく知られている。彼はチンギス・ハーンから二世代ばかりあとに、モンゴル帝国を旅した。チンギス・ハーンの戦いぶりは、詳細には伝えられていない。というのも、戦闘の様子を伝えられる人間がそれほど多くは生き延びなかったこともあるし、味方の人材は戦術を事細かに記録するゆとりも熱意もさして持ち合わせてはいなかったろうと考えられるからだ。だがわたしたちが知っている限りのことだけでも、彼らがおそらくは史上最強の騎兵だった証しとするに充分であり、現代において「グローバル・ネットワーク」を構築しようとする者が歯軋りして羨むような輸送通信体系を作り上げていたものと思われる。ほぼ四〇キロごとに設けられた中継基地は一万にも及び、各基地には休憩所と周辺の村々から徴発してきたウマが四〇〇頭ずつ備えられ、半数は放牧され、半数は伝令がいつでも乗り換えられるよう、待機していた。

ヨーロッパとアジアで部族間の衝突が絶えることのなかったこの時代、モンゴルのほかにもふたつ、大きな帝国的勢力の拡大が生じていた。ひとつがキリスト教十字軍とイスラム勢力の反撃であり、もうひとつはそれから数世紀のちの、スペインやそれに続く英仏によるアメリカ大陸への進攻だった。どちらも物質的欲望と宗教的狂信という、結びつくと手に負えない野望に駆り立てられた動きであり、どちらもウマをもって成し遂げられた。地中海から大西洋とウマを渡し、さらには湖や川を運んでいったのは船だったが、この恐るべき「聖戦」を主として支えたのはウマだった。

皮肉にも、変転する戦争の世にあって、不動の中心には、往々にして愛があった。祖国への愛、富への愛、土地への愛、冒険への愛、神への愛、女性、ないし男性に対する愛——こうした愛情が嫉妬とともに戦争の核にあったのだ。そもそものはじめから、この矛盾の中にウマは存在していた。だからこそウマは、しばしば神聖視されるのかもしれない。ダドリー・ヤングの著書『聖なるものの起源』の副題は、『愛と戦争の忘我《エクスタシー》』となっている。

このような矛盾は、騎士道のうちにどこよりもまざまざと見出すことができる。キリスト教徒の十字軍と切っても切り離せないと考えられるようになる騎士道精神にもイスラム宮廷の伝統の影響は明らかだし、同様に、ゲルマンの軍隊儀式やキリスト教の献身と自己犠牲の理念も息づいている。歴史的観点から言えば、騎士道にはこれ以外にもルーツはあるかもしれない。というのは、中国にもそれより一〇〇〇年も前から、ウマに乗って放浪しながら主君に仕えるロマンスの伝統があったからだ。

しかし主としてヨーロッパ騎士道には、ウマを中心に据えたアラブの伝統が反映している。そして結局のところ、アラブとヨーロッパは似通った文化の産物なのである。その時代につきもののさまざまな属性を共有していた。奴隷、農奴、そして主人。部族間の結びつきが濃厚な、緊密で小規模な地域社会。土着の忠義でまとまった民兵組織。全体としてみれば、アラブ社会のほうがウマを手厚く扱ったし、馬乗りとしてはすぐれていたかもしれないが、その点を別にすれば、このふたつの社会経済体——もちろん宗教体でもある——は、名誉と道義の盟約に、そして愛と戦争への奉仕に、ウマと人とを結びつけたという点において、甲乙つけがたい役割を果たしたのだ。

ヨーロッパの騎士道はそのほかの矛盾も内包している。品位と暴力、精神性と世俗性、作り物と本物、ランスロットとジャンヌ・ダルク。ウマはそれら矛盾の橋渡しであり、騎士道は、ウマ文化の原型だ。

人間とウマの関係ではよくあるように、騎士道もつまるところは一連のしきたりだ。しきたりは社会の根幹となる慣習で、あらゆる馬術体系の基礎にある。人間とウマは儀式と定石によって生きており、それぞれの地域がばらばらな慣習をもとにしていたので、司法体系が不安定だった封建ヨーロッパ社会では、騎士道が確固たる儀式と定石を提供した。

ムハンマドは、統合した諸民族にイスラムの傘を与え、半遊牧的なウマ文化に基づく神聖帝国を築いた。一方騎士道は、ヨーロッパにおいて、定住社会という現実の範囲内で放浪することを理想化し、騎士たちは、一方の目は故郷（それもできうれば城）に向けつつ、もう一方の目は地平線の彼方を見やった。アジアの大草原《ステップ》の戦士たちのように、中世の騎士たちも孤独なハトで、厳格なルールのもとで動く暢気なカウボーイであり、定住を夢見ながらも決して腰を落ち着けることのない旅人だった。騎士の規律は、戦闘精神と情けの両方を求め、根は洗練されていながら行動は果敢でなければならない。その特質は、戦闘中であってもなお熟考することだが、これはすべての馬術に通じる。騎士道の血肉であるウマもそうだが、騎士道そのものも、自由と規律、現実と空想の狭間をたゆたう。

一三世紀初め、ウォルフラム・フォン・エッシェンバッハが書いた叙事詩「パルチファル」は、聖杯を求めて旅する騎士の物語だが、この中で騎士パルチファルは、雪に覆われた森に血の滴《しずく》を三つ見つけ、ひどく心を痛めた。血痕を見てパルチファルの胸には失った愛がよみがえり、呆然と馬上から雪を見下ろしているとき、アーサー王の騎士のひとりが彼に立ち向かってきた。そのあとの数節は、愛と戦争、徳と暴力、夢と覚醒との間でたゆたう騎士道のイメージそのものであり、なかんずく騎士道がどこまでもウマに負うものであることを如実に示している。

血の滴を見つめるパルチファルは愛の思い出に胸をふさがれるあまり、騎士が来ていたことにすら気づかなかった。騎士は槍を構え、パルチファルに襲いかからんとウマを旋回させた。だがパルチファルの愛馬が血痕のそばを離れて敵に向かい、ようやくパルチファルはわれに返って、目の前に迫った危難を見て取った。パルチファルは槍を構え、身を引き締めて相手の槍を盾で受けた。パルチファルの狙いはたがわず、対する騎士はウマから振り落とされた。襲いかかってきた敵の名を尋ねる暇も惜しんで、パルチファルは血痕のあった場所に取って返すと、再び失った愛の痛みにわれを

―忘れた。

熱中ぶりと無頓着さが、どちらも誇張され、どちらもが、ともに詩の一瞬に封じ込められた。

騎士の流儀では、なにもかもが誇張される。ウマの大きさもまた然りだ。「偉大なる馬」と呼ばれたウマは、中世における軍備拡大競争の様相を呈する中で特に飼養されたもので、例にもれずどんどん誇張され、馬装や馬具も飾り立てられるようになっていく。中世の乗馬技術は遊牧民とも現代の馬術とも違っていて、鞍はレーシングカーの操縦席さながら身動きする余地がほとんどなく、重心のほとんどは、鐙に固定されてほとんどまっすぐになった脚にかかった。ハミや頭絡は仰々しくて扱いづらそうなものだった。もっとも騎士はおそらく今日推奨されるよりもなおいっそう優しく馬絡を操ったと思われる。そうでなければ乗るウマ乗るウマ、すべて使いものにならなくしていたことだろう。実際のところ、重い甲冑に包まれ、鞍にどっしりまたがった騎士が、ウマの口に伝えられる力はほんのわずかのものだっただろう。

馬上武術試合は大切な催しで、実際にも、また比喩的な意味でも、こうしたすべてが争われる場だった。もともとは軍事訓練だったものが、模擬戦闘へと変わっていったのだ。封建社会では日常茶飯だった動乱の中で、馬上試合はきっと、地域ごとのしきたりの壁を超え、秩序と規律をもたらしてくれる避難所となったのに違いない。競技として言えば、馬上試合は、サッカーやホッケーのような「場当たり型」ではなく、アメリカン・フットボールやクリケットの

中世騎士の馬上武術試合。13世紀、スイス

ような「定石型」のスポーツだ。馬上槍試合のルールは、一〇六六年、ジョフロイ・ド・ピュレリなるフランス人によって定められた。くしくもノルマン人がヘイスティングスでイングランドを蹴散らした年だ。あいにくなことに、ド・ピュレリその人は最初の手合わせで命を落とした。馬上試合は手本となる戦場と同様、危険に満ちていた。だが時とともに馬上試合が娯楽として

広く行われていく頃には、戦場そのものも変化していた。そして、ラマンチャのドン・キホーテが騎士修行に赴くはるか以前に、きらめく甲冑を身にまとった騎士は、戦闘の一員としてはもはや使いものにならなくなっていたのである。とはいえ騎士はやはり、中世という概念の中で堂々たる輝きを放っている。

新しい時代は騎士には残酷で、特に戦争と盗みくらいしか生活の糧のなかった貧しい騎士たちは不遇をかこつことになった。そこで腕の立つ者は時には生死にも関わる危険な試合を生業とするようになり、ちょうど今日のプロのロデオ乗りのように、馬上試合に臨む騎士の技術はいやがうえにも様式化されることとなった。

ここで再び作り物と本物が手をつなぎ、人間とウマは新たなダンスを始める。おおよそ一五世紀頃——上古の時代から数えて初めて——、ヨーロッパ人は実用を理論で体系化するようになり、ウマと乗馬について、理論を実用に当てはめるようになった。それはたとえば、探検家や征服者が世界へと乗り出す際に、船や航法を理論化したこととよく似ていた。ルネッサンスによって生まれた社会がウマをこのうえなく珍重していたことは、この時代の美術工芸品からもうかがえる。だがそれだけではなく、ウマは旅の魅力とも結びつけられた。人とウマが共謀することで、人々はまた、さすらっては腰を落ち着ける時代を迎えたのだ。

ルネッサンス期、さまざまな古典が再評価された。なかにはウマに苦痛を与えずに訓練するやり方を説いたクセノフォンの調教手本や、一三世紀にカイロの王宮で馬番を勤めたアブ・ベクル・イブン・ベドルの覚書もあり、馬術が芸術の一形態としてにわかに脚光を浴びることになった。馬術の流派が組み立てた理論体系には、七、八世紀のイスラム社会や、のちの一八、一九世紀、アメリカ先住民文化に見られるのと同様、宮廷風の行儀作法がウマの世話や調教の手法とともに、当たり前のように語られた。加えてすばらしいウマ文芸の数々が登場し、ウマについて語り合うことが、ウマの詩やウマの絵画や専門的コメントと並んで学芸のほかの話題を超越し、ウマそのものと同じくらいに重要なこととなっていった。ウマはいわば、修辞の時代の象徴となったのだ。

富裕な一族ではウマは最大の関心事となった。現代でいえばぜいたく品や高級車のようなものだ。たとえば典型的ルネッサンス人で、『宮廷人』を著したバルダサーレ・カスティリオーネは、親類の貴族フェデリコ・ゴンザガのためにウマを育てていて、ウマたちが競馬場で活躍するよう監督もした。一五三三年、所有する優秀な牝馬をイングランド王ヘンリー八世に譲るようゴンザガに勧めたことで、イギリスの競走馬の基礎を築くのに貢献したともいえる。ヘンリー王はその後、トリノの厩舎からも牝馬を譲り受け、英国競走馬の血統に東洋の血を加えた。ルネッサンスの中心が、その魂がイタリア文化であったように、イタリアのウマは、一時ヨーロッパが誇るべき存在だった。だからイングランドの育成計画を見直すためにエリザベス一世が招聘したのがイタリア人であったのは、まったく驚くにはあたらない。彼、ドン・プロスペロ・ドズマは一五七六年に、女王の厩舎で育てられているイタリアの牝馬のすばらしさを褒め称える報告書を書いているが、同時に純血を守り、血統が混じり合うのを避けるよう進言している。やはり異種混合は不可なのだ。ただ、アラブのウマだけは断然可だった。

中世の間は、荷馬車を引き農地を均《なら》すだけでなく、危難へと身を投じる騎士や十字軍のおかげで、ウマは戦場に馬上試合にと大忙しだった。芸術家はそのすべてを題材にしたけれども、圧倒的に好まれたテーマはウマよりも宗教だった。そして、馬上のシャルルマーニュやバンベルクの騎士像のような銅像や彫像を別として、世俗の権威の象徴として表されるウマはほとんど消えたといってよかった。もちろん、死も時にはウマに乗ってやってくる。そのためウマは絵画の中にかろうじてとどまった。聖と俗の狭間の陰鬱な影さながら。

ところがルネッサンス期の芸術家たちは、鳴り物入りでウマを復活させた。パオロ・ウッチェロやピエロ・デラ・フランチェスカ、アンドレア・マンテーニャ、サンドロ・ボッティチェリからアルブレヒト・デューラー、ピーテル・ブリューゲルまで。それも、本格的な探求（たとえばダヴィンチが、ミラノ公の騎馬像のために制作した習作や、ミケランジェロのデッサンなど）もあれば、古典的神話（往々にして、パトロン貴族の愛馬が描かれた）を取り上げたものや戦争（戦闘そのものと、勝利を収めた指揮官を称えたものとの両方があった）を扱ったもの、そして、野蛮と洗練がめぐり合う場という意味で、ルネッサンス文化の典型ともいえる狩りまで、多様な場面が題材とされた。聖ジョージと竜といったモチーフが、狩りや戦闘の場面

ロマーノの戦い。1432年。パオロ・ウッチェロ画。1455年頃作

に加えられた。それは地域の戦闘であったり伝説上の戦闘であったりし、中世後期とルネッサンス期とを結びつける鎖の環となった。宗教芸術においても、ウマはいまや、三賢人の礼拝図や十字架に架かるキリスト像といった絵画やフレスコ画で重要な位置を占めるようになっていた。多くの意味で、ウマはルネッサンス芸術の中心テーマのひとつとなった。

一七世紀頃には、高等馬術のポーズが芸術の題材に取り上げられるようになり、馬上で優雅にポーズを決めた騎手の像が街角に現れるようになる。さらにイングランドのサラブレッド育成が成功したことと、競馬が社会的にも経済的な意味でも人気を博したことを受けて、競馬も芸術の重要な主題となった。騎兵と歩兵が血まみれの戦場で相まみえる図に、今度は華やかな競馬場を駆けるウマと見物客の絵が並ぶこととなった。

一四九四年、アメリカ「新世界」に二度目の航海をしたとき、コロンブスは二四頭の牡馬と一〇頭の牝馬、それに相当数の畜牛を連れていた。上陸したヒスパニオラ島に動物たちは根付き、驚くほど短期間のうちに、主のいない畜牛が多数出現し、スペイン流の乗馬技術を身につけた熟練のカウボーイたちが新しい環境に旧世界の用具を持ち込んだ。定住地が本土に広がると、ウマとウシも大陸中に移動し、一七世紀が終わる頃までには、西半球のカウボーイ文化の基礎ができあがっていた。そして、先住民のすばらしいウマ文化の基盤も。

ウマに関しては、これ以外の才能も活動を始めていた。コルテスに仕えてメキシコ征服に同道した歴史家のベルナル・ディアス・デル・カスティリョは、一五一九年にメキシコに入ってきたウマについて、一頭残らず、名前と血統、色、性別、性質などを記録した。これはアメリカ大陸でいかにウマが重要な存在であったかの証左でもある。そして、ウマが大陸へ戻ってきたことの、証しでもあった。

大海原を渡りきれなかったウマもいた。哀れなウマたちの非運を物語るものとして、「ウマ緯度」なる言葉がある。これは北緯三〇度から三五度、南緯三〇度から三五度の、北回帰線と南回帰線付近の亜熱帯無風帯を指す用語で、この近辺は風がないため、帆船がよく立ち往生してしまうのだった。このあたりでにっちもさっちも行かなくなった船乗りが、貴重な水の消費を抑え、積荷を軽くするために、積んできたウマを海に放り込む場合もあったという。

とはいえ、多くのウマが無事海を越えた。コンキスタドールが連れてきたウマは、カリブや中央アメリカ、ベネズエラ、ブラジルといった熱帯の気候にはおいそれとはなじめなかったが、アルゼンチンの草原《パンパス》や北アメリカ南西部の大平原まで来ると、生まれ故郷に戻った思いがしたことだろう。ペドロ・デ・メンドーサなる人物は支配下にある入植者たちが飢えるなか、牝馬五頭と牡馬七頭を養っていたが、やがてそれらを野に放った。ものの数年のうちに、パンパスは「解放されたウマに埋め尽くされ、その数があまりにも多いため、集まっているところを遠くから見ると、こんもりした森のようだった」と、一七世紀の初めに、バスケス・デ・エスピノーサが記しているほどだ。ほぼ同時期、ウマは北米大陸の平原にも広がり、一七七七年にテキサスのリオ・グランデ川流域を旅した人物によると、野生馬の数はおびただしく、「人っ子ひとり住んでいない地域なのに、大地はウマに踏み均され、あたかも世界で一番人口過密な土地であるかに見えた」という。

先住民のウマとの付き合い方はまた違っていた。当初、スペインの征服者たちはウマを敵の手に渡さないよう、警戒を怠らなかった。ところが一六八〇年のプエブロの反乱で、多くのウマが逃げ出した。それでも、メキシコの先住民は用心深かった。対照的に、(主に盗みによって)すでにウマを入手しはじめて久しかったアパッチ族やコマンチ族は、ウマの名手であるスペイン人すら舌をまくほど、馬上でひととおりのことができるようになっていた。だが、厳然たる皮肉な現実もあった。ウマは、征服者たちが先住民を蹂躙する道具に使われたのだ。これは何千年もの昔から繰り返されてきた歴史だ。「われわれが勝利したのは、何よりもまず神の、そして次にウマのおかげだ」とスペイン人征服者たちは言う。そこには、異なる言語でやはりウマへの感謝を口にした、遊牧民族の思いがこだましている。

だがウマは、攻撃だけでなく防御の道具——スペイン人征服者たちから身を守る道具ともなり、平原をその主戦場とした先住民たちも、彼らの創造主に、ウマを与えたもうたことを感謝した。エネルギッシュなインディアン文化も、独自のルネッサンスの中で花開き、精緻な芸術や、比類ない馬具を生み出していたのだった。

ルネッサンス期のヨーロッパに話を戻すと、その支配層は世界各地で先住の人々の土地を脅かすことに富を注ぐ一方で、新たな美の後援者にもなっていた。野蛮が洗練と手をつないで、残虐行為が品性と舞いを舞った。洗練の極みとして、最先端のファッションに身を包んだ観客に埋め尽くされた優美な競技場の真ん中で、騎手たちが戦場の動きを模した馬術を披露した。はるかな昔、東方の草原では、戦闘を模した競技や競走が繰り広げられていたように。ルネッサンス期のヨーロッパでは、こうした乗馬ホールの中で、乗馬学校の厳然たる規律のもと、典型的な凱旋行進の模様が再現されたのだった。パッサージュもピアッフェも、巻乗り、ルバード、プサード、ピルーエットも、そしてカプリオールも、すべて戦場における、あるいは労働の現場でのウマの動きだ。たとえばピルーエットは気取った言い方だが、ウマに乗った牧夫が家畜を群れから引き離す必要があるときに、誰もがする動作のことだ。

だがこれはルネッサンス期のヨーロッパの話で、ご多分にもれず、この時代、この場所ならではのやり方で、ウマとのかかわりを持とうとしていた。新たなウマ文化を系統化しようとする試みが進行し、戦争と平和、労働と娯楽という二分法を超越しようとしていた。その指向にそって、いわゆる古典派の馬術が確立された。閃きを重んじるアラブや東方の流儀に加え、エジプトやギリシャの技巧が再発見されたのだった。宮廷における身の処し方にはカスティリオーネやマキャヴェッリの叙述が範をなしたように、一六世紀、フェデリコ・グリソーネやジョヴァンニ・ピグナテッリといった人々の馬術論が幅をきかせた。そこには、馬術において追求すべき徳と様式がふんだんに盛り込まれていた。その流れを汲んだのが、一七世紀のサロモン・ド・ラ・ブルーエ、アントワン・ド・プルヴィネル、ガスパール・ド・ソーニエ、そしてウィリアム・キャヴェンディッシュ（ニューカッスル公爵）だ。もっとも大きな貢献をしたのが、一八世紀のフランソワ・ロビション・ド・ラ・グェリニエールで、柔軟な調教法の重要性を説いたばかりでなく、「ゆったりとくつろいで自由な」、つまり彼が「気品」と一言で言ってのけた姿勢を養うことを強調した。彼の流儀が、ウィーンの名門、スペイン乗馬学校の基礎となり、ここがフランスはソーミュールにある馬術学校と並んで現在もなお、古典馬術の高度な技、「地面を離れて飛躍する」超人技に見合うだけの訓練を提供できる唯一の拠点なのだ。

古典馬術は、一見精緻をこらしているように見えるが、非常に基本的な乗馬技術を様式化したもので、円を描いたり回転したり、複雑に向きを変えたりする。これらの基本動作には、形式的意味合いと実用的意味合いの両方がある。騎兵隊の展開や家畜集めにも使われるし、見ていて優美で面白い。高等馬術は、一方では規律と品性とを賛美しつつも、一方では放埒さや無節操にも憧れる社会に対して、それらをまさに儀式的に提示しているわけだ。

この矛盾はごく自然に近代サーカスに取り込まれた。サーカスは曲芸を演じる人々の手にウマを返し、高等馬術のホールで行われる動きを、（遊牧民の）天幕のもと、円形の曲芸場で見せるショーへと変身させた。サーカスとは、あらゆる意味において、円形の劇場である。もちろん馬上の曲芸は何千年も昔から演じられてきた。おそらくは例の初めてウマを手なずけた少女がある日草原に出て、興奮気味に叫んだかもしれない。「見て、かあさん！　手放しで乗ってるよ！」あるいは昔から今日までずっと、若い乗り手たちは誰しも、互いに曲乗りを見せ合うのに腐心してきたのかもしれない。曲乗りは、古代ローマやロシアの騎兵隊では軍事訓練の一環だったし、古代ギリシャでは娯楽の一部だった。

サーカスが非凡なのは、劇場自体が円形になっているところだ。Circus はラテン語で輪を意味する。一般に、近代サーカスを築いたとされるのは英騎兵隊を退役したフィリップ・アストリーで、彼はウマが円を描いて走っている限り、その背で立ち上がっていてもバランスをとれることを発見した。一七六九年、彼は最初の円形劇場を建て、それから一五年のうちに、ア

サーカスのポスター。リングリング兄弟とバーナム・アンド・ベイリー・サーカスによる合同ショー

ストリーのもとにいた曲乗りのひとりが、ロンドン・ローヤル演芸劇場を創設したのだった。アストリーの演芸場はその名前のみならず大きさも継承された。直径がおよそ一二メートルで、その中でゆったりしたキャンターと速いギャロップを滑らかに組み合わせ、ウマが円の中心に向かって傾いだ姿勢で走ると、遠心力が働いて重力も常識も超越しているとしか思えない曲芸が可能になるのだ。それはまさに、日常を超えた見世物を見にきた見物人たちが求めるわざだ。使われるウマは、温血種で肢を高く挙げる歩様が特徴のハックニーから、冷血種でおっとりしたペルシュロンや、そして葦毛のアラブや、時には伝説のリピッツァナーが一番の妙技を披露した。高等馬術は人工的

ウィッスルジャケット。ジョージ・スタッブス画。1762年

な動作を自然に見せるが、サーカスはその逆を行っている。

一九世紀の末には、サーカスは文化の最先端となり、芸術と人生、貴公子と貧者の交わる、文字通りの矛盾の交差点となっていた。上流の人々がおがくずの敷かれた地面に近い桟敷席に陣取り、下層の人々はグランドスタンドのはるか上、天井桟敷から見下ろす。トゥールーズ・ロートレックやドガ、のちにはピカソといった画家がサーカスを好んで題材にした。しかしやがてミュージックホールが顧客をさらい、サーカスでの職にあぶれたウマたちは、第一次世界大戦で、今一度戦場に戻っていった。

ウマを題材にした芸術は数々あるが、その中でも五本の指に入る傑作のひとつが、一八世紀のイングランドで、ジョージ・スタッブスの手になるものだろう。はじめ肖像画家として活動していたスタッブスは次第に動物に、ことにウマに関心を寄せるようになり、その関心の度合いは、一〇年もの歳月をかけて「ウマの解剖学」を丹念に研究し、一七六六年にはそのタイトルの著作を発表するほどの没頭ぶりだった。

だがスタッブスは競走馬や狩りの情景も描いていて、一七六二年には、ロッキンガム侯爵の注文で、ウィッスルジャケットという名の牡馬の絵を描くことになった。当初、ウマの絵とジョージ三世の肖像（別の画家による）とを手ごろな風景画（これもまた別の画家による）の前景に一枚のキャンバスにおさめて並べる予定だった。しかし理由はわからないものの——何らかの輝かしい政治的背景があったものと思われる——ウィッスルジャケットはただ一頭でキャンバスに立つことになった。あらゆる意味で。

この絵の中でウマは、ルバードの姿勢で立ち上がり、飛節（あるいは臀部）に体重をかけ、敵に向かって今にも飛びかかろうと身構えている。背景がまったく描かれておらず、それがウマの輪郭と精気とをいやがうえにも浮かび上がらせていて、すばらしい芸術作品だ。これは、ルネッサンスの乗馬学校におけるウマのイメージを直接に継承し、ウマが人によって完璧に制御されていることを如実に示した姿勢であって、ルーベンスやヴェラスケス、ゴヤやダヴィッドといった画家が、アレクサンドロス大王や皇帝ナポレオンを描く際に、その愛馬にとらせたポーズだ。

しかしスタッブスの絵には同時に、人の手の加わらない、野生の力もみなぎっている。現に、ウィッスルジャケットは手の施しようのない暴れウマだった。ウィッスルジャケットは、スタッブスが完成した自分の絵を壁に立てかけたところをどうやら目に留めたらしく、絵に襲いかかろうとして、手綱を握っていた馬丁を地面から持ち上げてしまったという。荒々しい性質を描くことが目的だったわけではなかったものの、スタッブスは馬術という伝統の本質をなす、戦場における猛々しさの片鱗を、つかみ取っていたといえるだろう。

ウマが仕込まれる動作が戦争に由来することは、高等馬術の基本だ。たとえばルバードは、怖気づいた敵をウマがひづめで打ち据えている間に、騎手が槍で倒すための姿勢だということになっている。こうした空中動作の中でも、もっとも高度で目立つ技がカプリオールで、ウマは直立の姿勢から一・八メートルの高さまで跳び上がって後肢をまっすぐ蹴り伸ばし、もといた場所に着地するというものだ。戦場で敵に囲まれた際、逃げるための動作らしい。

こうした動作が実用的で、戦闘を勝利に導くと主張する向きは少なくない。確かにそのように喧伝されてもいる。クセノフォンも似たようなことを記している。だがいずれも理論上の話だ。ルバードもカプリオールも冷静かつ集中していなければ行えない。ほとんど黙想に近い集中力を必要とするのだが、それは戦場ではまず望めまい。

　戦争の物語では冷静沈着な行動がよく語られるが、実際の戦場は違う。もしウマや騎手が戦場でこんな動作を始めたら、さながら映画「レイダース　失われたアーク《聖櫃》」のワンシーンのごときものになるだろう。ハリソン・フォード演じるインディアナ・ジョーンズは、目もくらむような格闘の技を、とてつもない速さで次々繰り出す敵と対峙しても、微動だにせず、やおら銃を取り出して撃ち殺してしまうのだ。戦場でルバードなりカプリオールなり、高度な馬術を披露しはじめたウマは、これと同じ運命をたどる——地面にいる兵士の誰かに撃ち殺されてしまうのがおちだ。ウマを殺すのはつまるところ、人類史のごく黎明から行われてきたことなのだから。

第5章

世界の馬文化
――古代中国から現代ヨーロッパまで

文明化されている、あるいは未開であるといった議論は、結局のところ文化を問題としている。どのような文化なのか、誰が担っているのか、それによって、土地利用や言語や生活の糧がどのように生み出され、他と異なっているのか。何千年もの間、ウマはそうした差異の一要因となり、多くの人々の文化を決定づけてきた。一方では、異なる文化を持つ人々に共有部分を提供してきた。

皮肉なことに、ウマによって決定づけられた大いなる文明の多くが、たとえばモンゴルもスキタイも、フンもアパッチもコマンチも、さらにはブラックフットも、一般には未開社会、文化など持たない人々、と切り捨てられてきた。

これまで見てきたように、蛮族と文明との衝突は、人類の歴史と同じくらい古くからあった。「彼ら」と「われわれ」の長きにわたる争いであり、大昔はそれが、特定の土地に根を下ろし、生活から不確定要素を排除しようとした定住民と、あたかも不確定要素を歓迎し、定まった居住地を持たず、永続的なものに執着せず、いつでもどこでも襲撃して破壊する恐るべき放浪の民との対立という形をとった。

定住社会にとって遊牧騎馬民族ほど恐ろしい存在はなかった。なかでも恐ろしいのがアジアの草原の遊牧民だった。彼らは勝つために戦う。戦利品を得るために戦う。そして、戦いのために戦う。主権を得るとか、生存のためではなかった。ある意味でそれは聖戦だったといえる。

モンゴルやその血を引く者にとって、戦争の技法はまさに芸術のための芸術で、高度に、そして深く洗練されていた。もちろん戦いには物質的な側面もあり、遊牧民はウマの引く荷馬車をさながら買い物カートのようにして、戦利品を運んだ。威信も権力も、所有しているウマの数と質によって測る人々だったので、敵陣にいるウマは即座に自分たちのものとした。とはいえ、彼らにどうして襲撃をするのか、と尋ねるのは、クロップ・イヤード・ウルフに、なぜウマを盗むのかと質問するようなものだ。

遊牧民の脅威は従来考えられていたより長く続き、またはるかに西にまで及んでいた。中世ヨーロッパはほぼ一世紀にわたって、北はノルマン、南はムスリム、東はマジャールに包囲されていた。マジャール人——もしくはハンガリー人といってもいいが——はアジア系の民族で、九世紀の終わりから一〇世紀の初頭にかけて初めてヨーロッパに侵入し、西はイタリアやブルゴーニュ、ドイツにまで進出した。九五五年に神聖ローマ帝国皇帝オットー一世率いるゲルマン軍に敗れると、すぐキリスト教に改宗した（ビザンチン帝国に吸収されないための戦略的政策だった）が、とはいえ彼らは、数千年も前から、ウマを操る文化が世界規模で広がってきていたことの生きた証しだった。古代から中世、そして近代に至るまで、人々は、現代人が文化のアメリカ化を嘆くように、彼らの文化のモンゴル化を嘆いたものだった。世界は変わっても、ウマの覇権は変わらない。そしてウマに関してはモンゴルがいまだ先頭をいっている。この惑星上で、人よりもウマが多い（三〇〇万頭）のはここだけだ。

だが、最初のウマ文化がどこで芽生えたかを見極めるには、慎重を要する。その栄誉を、アジアの草原の遊牧民に、あるいは中央アジアをペルシャと中東から分けるオクサス川（アムダリア川）流域のどこか――一説によるとウマと人との組み合わせが初めて戦闘に使われたという土地の人々に捧げたい誘惑は強い。だが重要なのは、ウマ文化は、二万年から三万年前、ことによると四万年か五万年も前に、洞窟の壁にウマの絵を描いた人々から始まっていることだ。この人々にとって、ウマは単なる食料ではなかった。単にここやらあそこやらへ移動する手段ではなかった。戦争を遂行し、一番速いものに賭ける対象以上のものだった。彼らにとってウマは、賛美し、絵や彫刻に残し、収集すべきものだった。ウマ文化はそこから始まった。

そこではまた別のことも始まっている。世界各地で、外界と渡り合う道具であり、その自然や神秘の力に対抗するすべであったウマを持たなかった狩猟採集民社会の多くでも起きていたように。中央アジアの社会では、道を探すことすなわち移動することであり、ウマのおかげで世界と渡り合うのが容易になっていた。一方洞窟壁画を見ると、ウマは家畜化されるよりずっと前から人間を助けていたように思われる。そしてウマは、つながれ、乗用されるよりはるか昔から、尊重され、崇められていたようなのだ。

わたしたちは、こうした遊牧民の文明についてほとんど知らない。また、知っているわずかなことからだけでも、従来の文明と野蛮といった固定観念など、もろくも崩れ去る。遊牧民は生き延びるために戦っていて、感傷になど浸る余地はほとんどなかった。それでも彼らは君主を称え、儀式に時間を割いた。社会と信仰が複雑に絡み合い、定住社会に匹敵する体系を有していた。また、自分たちが世界と渡り合うためのよすがになっているウマが、その拮抗を破る要因にもなりかねないことも理解していた。

中国の人々は、まず地平線の彼方に遊牧民を認め、のちには北方騎馬民族を締め出すために築いた万里の長城の向こうの遊牧民に警戒の目を向けていた。その彼らも、特有の独創的かつ豊かな着想でウマを取り入れ、戦車を作り、馬具を編み出し、人類とウマの歴史においても指折りの傑作に数えられる彫刻や絵画を生み出した。馬車を走らせ、ウマに乗った。競走させ、他者の馬小屋を襲い、調教やウマを世話する技量を高め、それは風土に適した方法であると同時に、広くどこでも応用できるものとなっていった。

中国でウマが家畜化されたのは非常に早い時期で、おそらく五〇〇〇年ほど前と思われる。だが輸送手段として重要視されだしたのは紀元前一五〇〇年前後で、特に戦場では、一台で五〇人もの歩兵を運べる戦争荷馬車が重用されるようになった。この時代のウマは小型でがっしりした力持ちだったが、電光石火で駆け抜ける匈奴やフン族――中国は鞍や鐙といった馬具や、ウマを使った戦術を彼らから学んだ――を目の当たりにし、加えて万里の長城が充分な防護の役割を果たしてくれなかったことから、中国も、もっと大型で脚の速いウマを育成し、騎兵に槍やサーベル、弓を持たせるようになっていく。ウマがいかに重要視されたかを物語って今に残るのが、紀元前二一〇年、秦の始皇帝の没後まもなく完成された陵墓に埋葬された兵馬の土偶の数々で、なかには高さ一七ハンド（約一七〇センチ）にもなるウマの土偶もある。

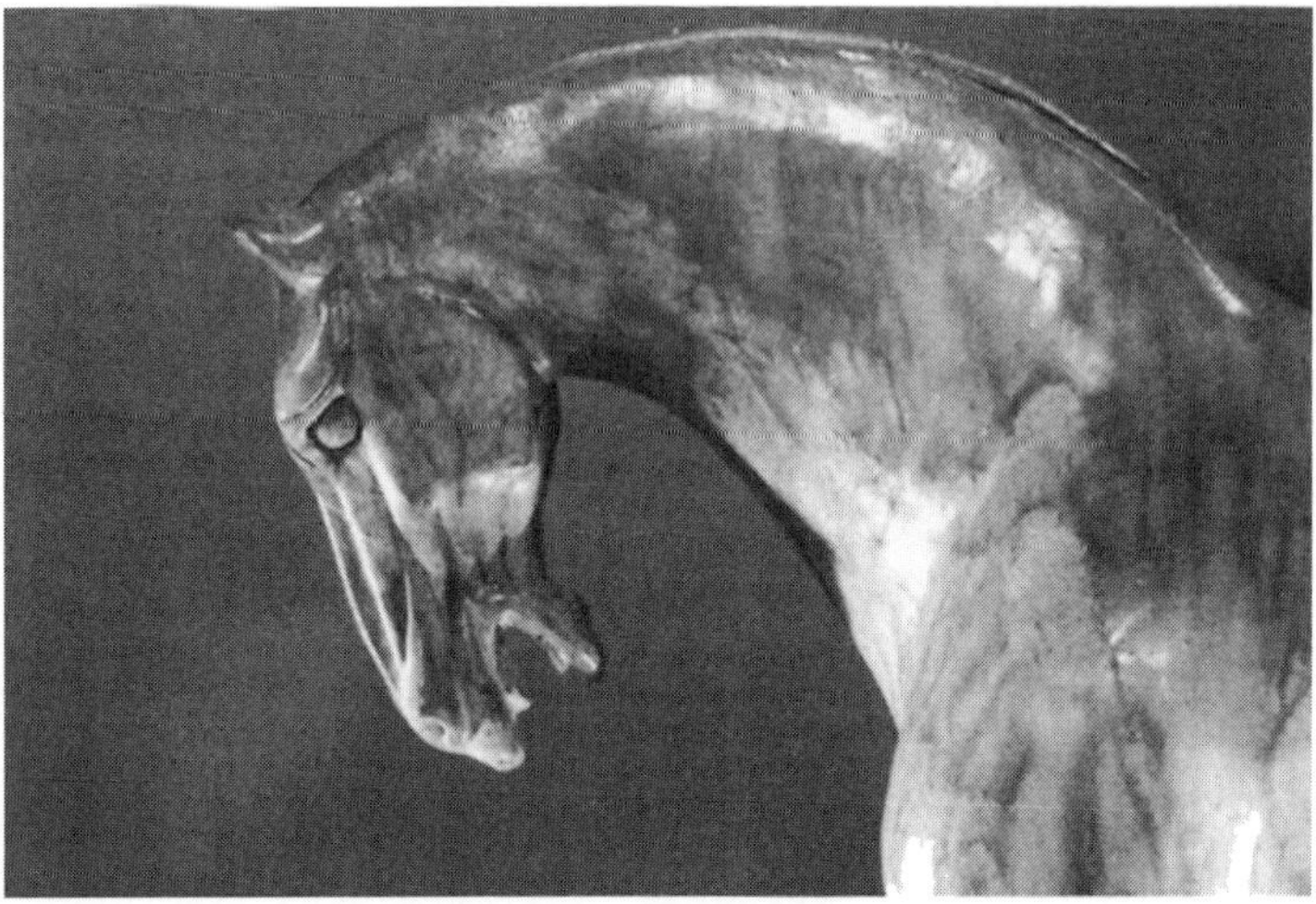

汗血馬をかたどった陶像。中国。唐代

闘争を繰り返していた諸部族が統一され、中央政府への集権がなされて始まった漢の時代——紀元前二〇二年——になると、ウマは儒教の教えに取り込まれた。これは中世の騎士道とルネッサンスの改革の中庸くらいをいくもので、古典文学に造詣が深く、（文学ほど熱を入れなかったが）馬術を身につけた地方郷士がその担い手だった。だが匈奴は独自の同盟を作り、引き続き脅威となっていた。しかしそれも、紀元前一四〇年、戦う皇帝と呼ばれた武帝が帝位につくまでだった。朝鮮半島と日本に中国文化とウマをもたらしたのがこの武帝であり、フェルガナの神馬を手に入れるべく、西域に遠征隊を送ったのも彼だった。フェルガナの汗血馬の美しさ——形のいい頭、長く曲線を描く首、そして筋肉のはりつめた臀部――は、青銅や木、土を使って表現されるウマの像の恰好の手本となり、唐の時代（六一八年―九〇七年）の見事な陶像にその粋を見ることができる。

ある文化がいかに成熟しているかは、その言語によってものごとをどれほど弁別できるかで測ることもできる。南アフリカのコーマニ族が用いるN／u語には、ひとつの植物や動物でも、時期や成長の段階ごとで異なる名前がある。カナダ・エスキモーのイヌクティトット語には、雪を言い分ける語が豊富にあるし、ペルーの人々は、たくさんの単語を駆使して、主食であるイモの品種や状態の違いを細かに表現する。

各地のウマ文化も、それぞれにウマに関する語彙は豊かだ。毛色、性質や体の部位に始まり、習性や仕込まれた動作、役割に至るまで、ウマのあらゆる側面に独自の名前がついている。中国語はとりわけウマを語る表現が多いが、カザフ語やカイナイ語、アイスランド語といった中国語とは似ても似つかない言語でも同様のことが言える。アラビア語に至っては、同じ毛色でも牡馬と牝馬では別の言い方をする。たとえば、淡い青灰色はアズ・ラクとザル・カ、連銭葦毛《れんぜんあしげ》（白や薄い灰色の地に黒や栗色のぶちが浮き出ている）はアブ・ラシュとバル・シャといった具合だ。

こうした語が集まると「業界語」になる。特定の場面や人々の間にだけ通用する特異な言語だ。業界語は細かい部分では文化により異なるものの、技術的な知識を共有している人々同士であれば、理解し合える土壌はある。その意味で、ウマはいわば職人ギルドの先駆けだ。ウマの職人とは、ウマの調教にすぐれているばかりでなく、ウマを語るに長けた人でもあるということだ。

この種の専門用語は、ウマ文化を持つすべての言語に入り込んでいる。アジアはもとより、北アフリカ、ヨーロッパ、そしてアメリカまで。たとえば英語でウマの病気や不調を示すために使われる語を並べると、Sweeny（肩筋萎縮）、splints（管骨瘤）、stringhalt（跛行）、thoroughpin（飛節軟腫）、thrush（蹄叉腐爛）、farcy（馬鼻疽）、glanders（鼻疽）、bog spavin（飛節腫脹）、stifles（膝蓋骨病）、curb（飛節後腫）、sidebone（趾骨瘤）、poll-evil（項瘻）、thrush, founder（蹄葉炎）、quittor（蹄軟骨瘻）、などとおびただしい数となり、その道のプロにはさぞ明確でわかりやすいのだろうが、部外者にはちんぷんかんぷんだ。使われなくなった語もある。一八八〇年代まではまだ使われていた、mallenders（膝皸《しつくん》《馬の前肢のくるぶしの関節または膝の湾曲部（第一足関節）に生じる湿疹》。当時の獣医学手引書「ストック博士」によると、「膝関節部に現れるふけのようなもの。ひび割れ、かゆくなる場合もある」と記されている）とsallenders（乾発疹。同じもので、飛節にできる）の二語もそうだ。

ウマのそばで一定時間過ごせば、必ずこうしたウマ語に触れるようになり、ウマ語を支配する秘密めいた社会に足を踏み入れることになる。人はみな、ウマ語社会の身内であるか、さもなければ部外者かのどちらかだ。たいていのことには博覧強記で知られた、かのサミュエル・

ジョンソンも、自身が編んだ、英語としては初めての辞書で「pastern」を「ウマの膝」と書き、ウマにかけては彼よりも物知りの貴婦人から、どうしてそんな初歩的な誤りをなさったのでしょう、pastern といえば膝というよりはくるぶしです、それでも正確とはいえませんけれども、と指摘された。そのときジョンソン氏は率直に、「不案内でしてね、奥様。純然たる無知のなせるわざです」と答えたという。

ウマに関する知識は強力な平等推進者だ。統一者にもなりうる。それは、とりたてて共有する素地を持たない階級も文化も越えて――少なくとも、人が多くの時間を過ごす想像の世界においてだけでも――人々をひとつにする。乾いた砂漠であろうと肥沃な谷地であろうと、開けた平原であれ小高い丘であれ、そこに住まう人々が、狩人であれ牧夫であれ、カウボーイやインディアン、農夫であれ街の住人であれ、違いを超越して同族にしてしまうのだ。

アジアでもアメリカでも、田園の競馬場でも都会のサーカスでも、ウマは、生活の糧として、共通の言語として、かつまた娯楽の種としてかけがえのない存在となり、その実用性によっても評価されたが、それだけではなく、日常を超えてウマが象徴する何か――絆や均整、美点といったもの――によっても珍重された。

この理想は古代、同時代のほかの社会に比してほとんどウマを実用しなかった人たち、ギリシャにおいて頂点を迎えた。古代ギリシャが西洋の文明にもたらした遺産は途方もなく巨大だが、それはひょっとしたら彼らが、ウマのような実用的なものを、芸術が無用の長物であるというのと同じ意味合いにおいて——あるいは、カザフやナバホの一家にはウマ二、三頭は役に立つがこれが一〇頭、一〇〇頭、一〇〇〇頭になると手に余るというような意味合いで——無用化してしまえる能力に秀でていたからかもしれない。あるいはまた、中国の皇帝陵に埋められた等身大のウマの土偶も精緻な陶製のウマも、死した皇帝にとっては何の役にも立たないというのと同じ意味合いにおいて。

ある意味ヨーロッパ近代の基礎は、民主主義や政治における修辞、個人主義や社会生活上の責任、公私の企業体による経済活動、宗教や科学を果てしなく論じ合う気風といったものを形成するのに古代ギリシャが多大な貢献を果たしたことよりは、むしろ、単なる荷を運ぶ動物、戦争の道具であったウマが、不穏で反抗的な美の象徴、精神的品位の偶像へと変貌を遂げたことによって作られたといえるかもしれない。

とはいえ、この変貌は当然ながら近代のものなどではない。それは人類史と同じほどに古く、あの洞窟絵画の優美な曲線にも見ることができるし、はるか昔からウマを中心に行われてきたスポーツ技能や試合、賭け事、物語や歌にもうかがえる。西はギリシャ、東は中国でも好まれ、その後に出現したイスラム教やキリスト教の信仰のうちにも見出せる。

古代ギリシャの人々は理屈抜きでウマを愛でた。理屈抜きで愛せることが、きっとウマの魅力だったに違いない。ギリシャの国土は山がちで、古代においては現在よりもはるかに森林に覆われていて、東方の、ウマの生まれ故郷のような開けた土地とは似ても似つかなかった。しかしギリシャ人たちは彼らの半島や島において、ウマを故郷にいるかのような気分にさせた。それこそが、爾来われわれが範としている天才的な家畜化の技能によるものだ。

ウマを初めてこの地域に持ち込んだのはおそらくテッサリアの人々と思われる。テッサリア人は、キンメリア人やスキタイ人といったウクライナ平原の騎馬民族や、メディア人、ペルシャ人などからウマを入手した。ペルシャではウマは早くから知られ、社会で重要な役目を果たしていた。ペルシャの言葉ではウマをアスパ——サンスクリット語のアスヴァからきている——といい、この地域では多くの地名や人名に現れている。

だがギリシャ人のウマへの関心は特殊なものだった。彼らは壷やフリーズに、彫刻や飲み物用の碗に、ウマを精緻にかたどった。パルテノン神殿のような建造物にウマを彫り、その彫像は現代のわれわれをも魅了する。またホメロスからクセノフォンまで、古代ギリシャの人々は大いなる喜びを湛えて、ウマを仔細に語った。現代のわれわれと同様に、駆け引きしつつウマを競わせ、そのために飼育し、勝者にはわたしたちもするように栄誉を与えた。

古代ギリシャの神々はウマに慣れ親しみ、戦車や、今でいうカーチェイスに長けていた。ブラックフット族の伝説ではウマはマガモから生まれたことになっていたが、地中海版ウマ創世神話によると、クレタ島ではウマは、ペロポネソスの岩にポセイドンの神器である三叉の槍が引っかかった折に海から誕生したことになっている。ウマは海ばかりではなく、大地や大気、

チャリオットを駆り、オリュンポスに上るヘラクレス。ギリシャ。紀元前400年頃

炎の神話にも登場し、ハーデースがペルセポネーを黒馬に引かせた戦車でさらったときには、神を冥界にまで運んでいった。翼のあるウマ、ペガサスは、ゼウスを乗せて雷鳴と稲妻の周囲をめぐった。ヘラクレスの一二の功業のひとつは、トラキア王ディオメデスの人食いウマを捕らえること（ヘラクレスは王を殺し、ウマに食わせて手なずけることでこの功業を成し遂げた）だった。ゼウスの息子軍神アーレースは、息子のディモス（恐慌）とポボス（恐怖）の操る戦車を乗り回していた。パルテノン神殿のフリーズには、月の女神セレーネーの御する疲れきったウマたちと、太陽の神へーリオスの生き

生きしたウマが対になって彫られている。

神々と並んで、ウマも、その移り気で気まぐれなところが古代ギリシャの人々に愛された。飽くことを知らぬげに、ひたすらに注目されたがり、敬われたがり、肉体のみならず心までも慰撫されたがるところが愛でられた。ウマと、ウマに触発されて生まれた芸術とは、理想生活に存する二律背反を考察する恰好の材料となった——反抗的でいて平静、尊大でいながら従順、確固たる信念と臆病さといった——。

古代ギリシャ人は、あらゆる機会をとらえて自分たちのウマを走らせた。神前のレースもあれば、人前のレースもあった。オリンピック競技では、その草創期（紀元前六八〇年）に戦車競走が取り入れられ、乗馬レース（鞍なし）もその三二年後に、さらに紀元前五六四年には鞍をつけた競馬も始まった。いずれも二四キロ余り（二キロの走路を一二周）と長距離走で、当時の有名無名の観客を大いにひきつけた。第四七回オリンピックでは、富裕層のアルクマイオンが、もっと富裕なクロイソスから貸与されたウマで優勝した。アテナイの独裁者ピシストラトゥスが第六二回オリンピックで優勝したのは、ピタゴラスが競技者の食事にはイチジクよりいいと肉を食べさせることを試みた年だった。アテナイのアルキビアデスは現代なみの気前のよさで、紀元前四一六年の競技に四頭立て二輪戦車を七台も出走させ、一、二、四位を占めた。アレクサンドロス大王は出走するのが王族だけなら自分も参加すると嘯《うそぶ》いていたが、父親のピリッポスはそれほど気取り屋ではなく、紀元前三五六年の競技に参加した。一説によるとピリッポスは、息子アレクサンドロス誕生の知らせよりも、ポティダイアにおける極めて重大な軍事的勝利の知らせよりも、同じ日、自分がオリンピックで勝ったことを喜んだという。王は、戦車を駆って勝利をおさめた自分の姿を刻印した貨幣を鋳造させた。

競技が宗教祭典からスポーツ競技会に変容していくにつれ、集まる人々も変わっていき、ローマ時代には、近代のスポーツ競技につきものの、あらゆる付属物が生じていた。膨大な数の観衆、巨額の金、物騒な提携関係、薬物依存、そして賭け（賭けは競技場の中でも外でも行われ、胴元は結果を伝書鳩で知らされた）。ビザンチン帝国になっても競馬は人気を博し、コンスタンティノープルで一〇〇〇年にわたって栄えた。

十字軍の時代には、古代ギリシャの芸術に見られたウマをめぐる矛盾は、中世における両義性の象徴たる騎士に受け継がれ、ウマは騎士道の核心にある二律背反を象徴する存在となった。十字軍は、無知と迷信が頑迷に腰を据えていたヨーロッパから出たのだが、彼らの中には、同時代のイスラム社会が多くの点で知恵と学びにすぐれ、さらにはウマの扱いに秀でていたことに気づいていた者もいたはずだ。一〇六六年、ノルマン人がイングランドを破り、馬上槍試合が初めて行われた年、バグダッドには三〇以上の大学があり、女性に門戸を開いているところまであった。イスラム支配下のスペインには公共図書館が七〇カ所以上あったし、ウマル・ハイヤームは一〇〇〇年経っても読み継がれる詩を書いていた。ウマと学問は、手に手を携えていた。

訓練法や熱心さの点で、アラブのウマ社会は他に抜きん出ている。ムハンマドの時代から、ウマは、教祖ムハンマドからあるいはコーランから生まれ出た幾多の法典や慣習のうちに取り込まれていた。古代や現代の多くの社会に見られるように、アラブ人たちはウマを神からの賜りもの、人々に感謝と同時に敬意を払うことをも課す存在と見なし、そうすれば精神的にも物質的にも報いてくれ、ウマがいれば生活の糧となり、周りの重荷とならなくてすむと考えていた。

保守的なアラブ社会ではあらゆるものが確固たる位置づけを与えられるが、中でもウマはずっと、文化において重要な役目があるものとされ続け、最後の審判の日まで祝福を与えられる存在だった。だからウマを世話することは、気高い奉仕（イスラム教徒の守るべき信仰の五柱のひとつ）と同一視された。ウマの調教も、イスラムの儀式同様正しい規律のもとにあった。ウマはアラブのテントに家族のように迎えられたが、その一方で、イスラム教徒たちはウマに決して人間の名をつけなかった。むしろ立派なウマであればあるほど、その気性や毛色、能力を表すような名を与えられたが、こうした名づけの伝統は世界の選び抜かれた競走馬の命名法に生き続けている。アラブ社会でウマに示される敬意はまた別の形もとり、それは中世の騎士道さながらに、現実に抗する理想を要求することにもなる。たとえば、イスラム社会ではウマの去勢を禁じている。だがその禁令に従う贅沢は、通常はよほど富裕な一族でもなければ享受できるものではない。なぜなら貧しい人々が手間隙かけて面倒を見られる牡馬は、一頭がせい

ムハンマド――イスラム教の伝統に従い、顔はない――と初代から３人のカリフと大天使。17世紀初頭

ぜいだからだ。

イスラム教が砂漠の文化であったように、アラブのウマ文化も元来が砂漠と切り離しては考えられないものだが、そこでは穀物は時として水よりも稀少だった。このためウマの扱いも、農耕に支えられたヨーロッパとは異なる飼養法でウマを養った、草原や平原といった半乾燥地での扱いに近いものだった。アラブではしばしば穀物の代わりに砕いたデーツが与えられ、ヒツジやラクダの乳とともに、その地に生える草や香りの強いハーブ、木の葉や根をウマに食べさせた。伝統的にウマは肥育されることはなく、水も正午頃に一回与えられるだけだった。アラブの古い言い回しに、「夜明けの水はウマを細らせ、夕暮れの水はウマを肥えさせる」とある。穀物が与えられることがあるとしたら、それも昼間だった。「朝の大麦は馬糞に出（消化されずにそのまま出る）、晩の大麦は尻に出る（脂肪になってつく）」とも言った。

コーランではウマを「エル・ヘイル」、すなわち至高の賜物とし、ムハンマドは折に触れウマについて語っていて、彼の言葉と行いは、預言者の言行録《ハディース》に伝えられている。そこではイスラム教徒の宗教上の義務としてウマの立場を定めており、敬虔なイスラム教徒に、「この世の祝福は最後の審判の日に至るまで、汝のウマの目の間に垂れる前髪にぶらさがる」ので、「ウマがどれほど飢えまた渇き、何を飲まされ、何を食わされてきたか、その毛の一本一本、踏み出す足の一歩一歩、尿や糞までが秤にかけられるであろう」と説いている。

アラブでは、ムハンマド出現以前からウマを競走させていた。従来はまず四〇日間断食させ、その後穀物で肥育する調教法が大勢だった。断食を始めるときにはウマに毛布を七枚着せておき、六日ごとに一枚ずつ脱がせていくのだが、脱がすにつれて運動を増やしていった。競馬は一〇頭立てで、七着まで賞が出た。今日サラブレッドの競馬にはアラブの血を引くウマが必ず混じっている。サラブレッド競走馬の九〇パーセント以上がダーレーアラビアンの末裔なのだ。

ウマ文化には競馬がつきもので、スキタイ人は競馬に耽り、モンゴル人は没頭し、ギリシャ人とローマ人は競馬を制度化した。平原インディアンは、どうやらウマの背にまたがることを覚えたとき（ブラックフットの場合は、マガモがウマに姿を変えるなり）から競馬を始めていたようだ。レースは長く、開けた草原で目の届く限りの距離で、それがちょうど一七世紀から一八世紀にかけてのヨーロッパやアメリカ合衆国で盛んだった競馬とほぼ同じ六・四キロ強になり、勝ち馬はたいそう値打ちのある商品になった。勝負師ならば誰もが考えそうなことだが、ブラックフットの人々は賭けのオッズを吊り上げるため、大きくて優雅なウマに混じえて、スピードもスタミナも見劣りするようなちっぽけなウマを走らせては大穴を狙った。子どもたちが仔馬でバッファローの仔を追いかけるのを見ては、見込みのありそうな仔馬を選んで群れから離し、三歳か四歳でレースに出られるようになるまで調教するのが常だった。

鍛えたウマを季節ごとのキャンプや夏の終わりの太陽踊り《サンダンス》の競馬に出走させ、時には優勝馬をほかの部族の優秀馬同士のマッチレースで競わせることもあったが、部族間の積年の恨みに邪魔されてレースが成立しないこともしばしばだった。

イングランドの競馬は、記録に残っている限りはローマ時代（紀元二〇八年）に始まっているが、競馬自体はそれよりずっと以前から存在したと思われる。なんといってもウマがそこにいたのだから。現在、アメリカ合衆国でもカナダでも、あるいはヨーロッパや南アメリカでも、競馬は一大産業だ。オーストラリアで競馬が行われはじめたのは一八二一年——そのメルボルン・カップもいまやクラシックレースである——、またアイルランドは競走馬や障害馬の育成にかけては世界屈指だ。

ここまで述べてきたが、それでもようやく競馬の端緒を、それもサラブレッド競馬の入り口を覗いたにすぎない。歴史と伝統のあるウマの競走はほかにもあり、たとえばアメリカ合衆国には四分の一マイル（約四〇〇メートル）を走らせるクォーターホースレースというものがあるが、これはかつての西部の町の目抜き通りの長さがおおよそこの距離だったことから始まっている（道路幅が広くなっていたのは、ラバの一団を方向転換させるためだった）。ハーネスレースも人気があり、長い歴史を持つ。これは〔ウマに二輪馬車を引かせ〕斜対歩《トロット》（対角線上の前後の肢が同時に地面を離れる）または側対歩《ペイス》（右なら右、左なら左と同じ側にある前後の肢が同時に地面を離れる）で走らせる繋駕競走だ。

公開処刑や剣闘士の見世物を別とすれば、プロボクシングやサッカーのような団体競技が幅をきかせる以前は、競馬ほど大衆をひきつけた競い合いはなかっただろう。素人目にもすごいと思うのは、疾走するサラブレッドの背中で、騎手が大きく前かがみになり、短い鐙に足を突っ込んだだけでこらえている姿だ。だが騎手が昔からずっとこの乗り方をしていたわけではない。アメリカ出身の騎手トッド・スローンが一八九七年、イングランドの競馬で、鐙を短く体を前に倒して――意地悪く「モンキー乗り」などと言われた――騎乗する利点を身をもって示すまでは、ヨーロッパでもアメリカでも、騎手はもっと直立姿勢で、ずっと後ろに重心をかけて乗っていた。スローンの言うには、彼の乗り方はスー族仕込みだそうだ。なるほど、スー族流かもしれないし、アラブや大草原の遊牧騎馬民族流ともいえる。いずれにしろスローンが、騎乗法の近代化を先導したことは間違いない。そして「ヤンキー・ドゥードル・ダンディ」と「ギヴ・マイ・リガーズ・トゥ・ブロードウェイ」という印象的な興行歌謡二曲に歌われて、その名を刻んだのだった。

競馬の魅力は競走そのものや賭けの儲け――あるいはすっからかんになること――だけではもちろんないが、それが大きな引力であることも確かだ。賭けが巨大産業になったのは、一八六四年、ジョゼフ・オラーなる人物がフランスのグランプリに賭けて勝ったのに、配当をもらえなかったことに始まる。オラーは自ら「パリ・ムチュエル」と名づけてそれまでのやり方とは区別した新たな賭けの方式を編み出した（pari は parie ＝賭けから作ったオラーの造語）。

それは競馬に多額の資金がつぎ込まれた時代だった。まずなんといっても、育成と調教、飼育に費やす資金が必要だった。そのため競走馬の馬主はたいてい金持ち、少なくとも一定期間は富裕で、また多くの場合は貴族の家柄であり、自分たちのウマにも、類まれなる血統であることを求めた。王族が身を入れて競走馬を養うようになったのはイングランドではヘンリー八世からで、これはチャールズ一世が処刑されるまで続いた（もっとも処刑した側のクロムウェルも軍人だったせいか、ウマの育成には熱心だった）。一六六〇年の王政復古で、チャールズ二世は競馬を貴族の手に戻し、一六七一年にはニューマーケットで勝ち馬に自ら騎乗した。彼の目は次第に王国の実情よりもターフにばかり向けられるようになり、後世の富と権力を手にした男たちの先例となった。たとえば第五代ローズベリー伯爵は、首相の地位にあった一八九四年と一八九五年、二年連続でダービー馬を出している。頭の固い連中からは、馬に向けるエネルギーを国を治めるほうに向けたらどうかと陰口を叩かれたものだ。

イングランドのダービーといえば特別で、一八九五年にはスポーツの祭典としては初めてフィルムに収められた（エドワード・マイブリッジが連続写真で新時代を切り開いたすぐあとのことだった）。翌一八九六年には、すでに動く写真「テアトログラフ」で名を馳せていたロバート・ポールが、ロンドンのアルハンブラ・ミュージックホールから、ダービーの撮影を依頼された。この年のダービーを勝ったのはパーシモンで、のちにエドワード七世となる皇太子の所有馬だった。ポールは二分半の映画を撮って、翌晩には上映の運びとなった。

英国のミュージックホールや競馬場は、ローマの円形競技場やブロードウェイの劇場と同様の娯楽産業だ。そのためできるだけ既存のものより大きく造ろうとするし、競馬場に関しては、皮肉なことにもなるが、より大勢の観客を集めるためにはウマによる輸送を駆逐した当の鉄道に頼らざるをえなかった。関心を左右したのは賭けで、それに伴って人々が知りたがるウマのニュースや予想を提供するために、スポーツ報道が隆盛していく。競馬場は誰もが一目置く場所となったのだ。一九一三年には、これもダービーのレース中、婦人社会政治同盟の熱狂的メンバーであったエミリー・デイヴィソンがコースの柵をくぐってウマの前に身を投げ出した。ウマと騎手のハーバート・ジョーンズはもんどりうってターフに転がった。ウマは無傷で騎手は怪我ですんだが、ただ彼女ひとりが命を落とし、婦人参政権運動の新たな殉教者となった。

ほかにも長い歴史を誇る競馬はあり、その多くは狩りを原型として昔から行われていた。そのひとつがスティープルチェイスという固定障害競走だ。もともとは一七五二年、アイルランドのコーク郡にあったバターバント教会と聖レジャー教会の尖塔《スティープル》から尖塔を目指して競ったことから名づけられたもので、かつて障害物は天然のものだったが、いまは人工、天然を問わない。一八世紀にはヨーロッパで定例化したが、障害物競走としては、ヨーロッパには以前から、有名な乗馬学校の飛越競技やドレッサージュの伝統があった。さらにその後、向こう見ずなウマと馬車、またの名を四頭立て幌馬車競走《チャックワゴンレース》がロデオの一部として始まった。いずれも「曲乗り」であるサーカスとの共通点を見ると、「rodeo」という語はスペイン語の「rodear」(go round〈廻る〉からきており、ロデオ競技では旋回を今も go round と呼ぶ。

馬上での競技には、異文化相互にもさまざまなつながりがある。アルゼンチンで一七世紀の初めから行われていたパトという競技は、死んで皮に詰めたアヒルを奪い合うもので、アフガニスタンやモンゴルのブズカシと似ている。パトはやがて飛び入り自由のクロスカントリー競技になり、あまりに危険なため一八二二年に一度禁止されたが、一九三〇年代には、八二×二一〇メートルという広大な競技場で行われる、近代的なルールに則ったスポーツとなってよみがえった。

ウマに乗ってのレスリングも数千年も前から盛んで、アジア西部の草原地帯ではサイスというゲームとして牧夫の間で様式化されていた。アルゼンチンのガウチョとチリのウワソはウマに乗ってお互いをコースから押し出す「押しくら」ゲームをやる。南アメリカにはさらに、中世の馬上槍試合によく似たアラブ発祥の競技があって、騎手が突進して杖を投げ合う。ポイントは杖にあたらずに、相手の杖をうまくつかむことだ。また中世のスペインで流行っていた輪取り競走というのが今でもアメリカ各地で行われているが、これはぶらぶらする小さなわっかを、ウマを走らせながら槍で突き刺すものだ。ジムカーナはもともと英国植民地時代のインドで騎兵の訓練のために誕生したのだが、現在はアメリカ合衆国と英国で盛んで、隘路《あいろ》や、鋭いターンを要求される「鍵穴」競走から樽レース、全速力のギャロップ（鞍なしの場合もある）で進みながら地面に置かれた小さなものを拾い上げる競走までさまざまな形態がある。

古代にも現代にも通じる競技会といえばオリンピックだ。ウマ――人間を除いてオリンピックに参加する唯一の動物――が近代オリンピックに登場したのは一九〇〇年のパリ大会からで、一九一二年に行われたストックホルム大会から「軍隊馬術《ミリタリー》」と呼ばれる競技が始まった。この呼称がのちに「総合馬術（三日競技）《スリー・デイ・イベント》」と変えられて、軍事教練ならぬスポーツ競技として確立するのは第一次世界大戦後のことだった。二〇年ほどの間は競技に参加する選手はほとんどが騎兵将校で、彼らは、世界中の古くからの乗馬人口の例にもれず、こうした機会を愛馬の試し乗りと捉えていた。だがほどなくして軍人でない騎手も参加するようになり、クロスカントリー（スピードと耐久性と障害飛越の要素が含まれる）、馬場馬術、障害飛越を組み合わせた総合馬術は、ウマにとっても人にとっても特別な競走となった。

馬術の変遷においては、女性が重要な役割を演じている。オリンピックの種目の中では唯一、またスポーツの世界ではまれなことに、近代馬術では女性が男性と肩を――というか鞍を――並べて競技に参加できるのである。格段の配慮もなし、距離も同じ、ハンディもない。男女を問わず、もっとも速く、ミスなく乗った者が優勝する。論より証拠、オリンピックの金メダルをはじめ、女性が男性に伍して優勝した例は一度や二度ではない。

競馬はいたって単純な競技であると言うのは簡単だが、ためしに毎日のように競馬を見に行き、どのウマに賭けるか血眼になっている何万という人々にそう言ってみるといい。一方、ヨ

ウィーンの兵器庫前での騎兵隊の演習風景。1850年頃

ーロッパ馬術の伝統を打ち立てた偉大なる乗馬学校などは、一見するとかなり物々しく思われる。ところがその目標とするところは、少なくとも一九世紀末から二〇世紀初頭にかけての時期に関していえば、簡素、ということだった。

馬術訓練はもともとは軍事教練から始まっていて、一九世紀の終わりには重大な危機に瀕していた。それは単に、軍隊や戦場を離れた社会全般においてウマの役割が揺らいできていたということだけが原因ではなかった。この危機はもっと根が深く、ウマが絡むとたいていそうなるのだが、実用的な問題であると同時に、形の問題でもあった。つまりは自然か技巧かという対立だ。

これは遊牧と定住の問題に継ぐ、古くからのテーマだ。ただ近代的な軍事戦略の点から見ると、新たな局面がやってきていた。当時の騎兵訓練は、さまざまな平地動作に加え、騎兵とウマとを突撃に慣らすために、特に飛越を重視していた。なんといっても、突撃に備えることこそが訓練する目的であるのは間違いない。だが騎兵の将来は――結局のところ短命になるにせよ――どんな地形にあっても敏捷に、かつ安全に動ける、つまりアジア大草原の軽騎兵に立ち返るところにあった。

ヨーロッパの騎兵学校は、英国の学校を除いては狩猟には関与しない。そのため彼らの通常訓練には、狩猟に備えた動作は含まれていなかった。また文民はこうした騎兵学校のやり方には口を挟む余地がなかったので、昔日の颯爽たる騎兵の総攻撃に憧れる将校らの思い込みを修正してやれる者はひとりとしていなかった。主な騎兵学校はフランス（フォンテンブロー、ヴェルサイユ、ソーミュール）、オーストリア（ウィーン）、そしてドイツ（ミュンヘンとハノーヴァー）にあり、各校とも古きよき高等馬術の伝統を受け継いでいた。

もちろん当時のすぐれた乗り手たちは、必要な動作をさせるためにウマを制御しつつ好きにさせるという絶妙の技巧を駆使していた。だが近代の騎兵に要求されるウマと騎手との適切な関係がどうあるべきか、大局的な理論はまだ確立されてはいなかった。

問題は、ひとつには理論的なもので――すなわち跳躍がウマにとって自然な行動なのかどうかだった。自然ではない、と唱える者は少なくなかった。低い柵で囲われた放牧地にいるウマが（おびえて逃げ出そうとでもしない限り）、柵を飛び越えることはめったにないからだ。またウマの身体構造は、イヌやヘラジカと違い、ジャンプ向きにはできていない。踏み切りのために力を蓄えるには効率が悪く（ウマはイヌやネコより肋骨が多いため、下半身をひきつけるのが難しい）、着地の際の衝撃を吸収するショックアブソーバーもお粗末だ（ひづめより、肉球のある足のほうがよほどよく衝撃を受け止められる）。

一方、跳躍を自然な、少なくとも学習可能な動作だと見る向きもある。これは、ウマはみずからが心地よく感じることでなければ頼まれてもしない、という考え方に基づく。そう主張したひとりがイタリア軍将校のフェデリコ・カプリッリ、誰あろう、古えの馬術の伝統を見出し、モンゴルとムガールとアラブの要素を近代の軍事作法と組み合わせ、現代馬術の伝統を確立した人物だ。カプリッリのやり方が平時における騎兵訓練と調教のもっともすぐれた着想であったのは、いとも皮肉としか言いようがない。ごく自然で、どちらかと言えば穏やかな騎乗法が、残忍で不自然な戦場から誕生したことも。

カプリッリはイタリアの裕福な家庭に生まれ、一八八六年（わたしの祖父がクロップ・イヤード・ウルフに出会った年）に騎兵学校に入った。実のところ、カプリッリの手法が影響力を持ちはじめたのと、カプリッリ流の騎乗法とかなり共通するインディアン馬術衰退の兆しとは、時期を同じくしている。ブラックフットが時代の終わりを見ていたときに、カプリッリは新たな時代の始まりを見ていたわけだ。そして彼は、人々の乗り方を変えた。

当初カプリッリは騎兵にふさわしい体格をしているとは見られていなかった。胴長で短足のため、騎兵学校の医療委員会ははじめ彼を不合格にした。だが抜け道はあり、しぶしぶながら彼は入学を認められたのだった。

彼の成績は抜群で、特に当時の乗馬教育の目玉であった飛越がすばらしかった。一九〇二年のトリノ国際馬術競技会——オリンピックに馬術競技を導入するための前哨戦だった——において、カプリッリと彼の愛馬は記録に残る二・〇八メートルの高さを飛び越し、これもまた記録的な七・四〇メートルの距離を飛び越えて、居並ぶ者たちの度肝を抜いた。彼は天賦の才で騎乗テクニックに革新をもたらしたが、同時に、その豊かな想像力と知性でもって、しばし歩を停め、熟慮した。障害を飛び越そうとするとき、騎手とウマにはいったい何が起こっているのだろうか、と。もちろんそれまでにもこの点を考えた者が皆無だったわけではない。ただそれらは主に、どうすれば乗り手が一番優雅に見えるかという点からの議論で、ウマの口に絶えず指示を出し、制御を保ちながら、鞍に尻をつけているほうがいいのか、鐙に立つ姿勢がいいのか、という騎乗スタイルに終始した。

カプリッリは、騎手がウマの身体能力と本能に、より肉薄できる技法を提案したのだった。キーワードは「ありのまま」だ。飾り気のない簡素さこそが美とされた。カプリッリはこれを「自然馬術」と呼び、「学校馬術」と区別した。学校馬術もそれまで、そして現在に至るまで、大きな功績を挙げているし、ウィーンのスペイン乗馬学校など有名な馬術学校出身者の演舞はウマの生態を深く理解していることを示していて、それはとりもなおさず長年の訓練の賜物だ。だが両者の違いは根本的なものである。学校馬術においてはウマは騎手に適応するよう躾けられる。自然馬術では、騎手がウマに適応するのだ。ウマの尻を叩き、口に合図を送る代わりに、カプリッリはウマの体にたくみに触れ、ふんわりと腰掛け、即座に反応することでウマを動かそうとした。ちょうど、カウボーイがウマに乗ったまま家畜をより分けるように。

カプリッリは地面に立って、ウマのさまざまな歩様を観察し、障害を飛び越す様子を研究した（……そして彼は、自分の技法を試す中でしょっちゅう落馬していた。あるときなどは回復までに半年もかかっている）。ひとつ彼が気づいたのは──多くの騎手はなぜか見過ごしていたようだったが──ウマの目が特別で、とてつもなく遠くまで見通せて、動きを察知し、物や人を見分けられるということだった。またウマは周囲三六〇度のうち三四〇度、ほぼ周り中を見渡せる。ただ彼らにも死角がふたつだけある。真後ろと真ん前だ。そしてその目のつき方のために、ウマには遠近感が乏しい。だから馬が頭を高く上げて飛越の態勢に入ると、ウマには着地点も障害も見えない。跳躍が自然な行動かどうかはともかく、ウマと騎手がいかに協力し合うかを考えるうえで、障害飛越は恰好の出発点だったのだ。

カプリッリは馬術場や競馬場よりも、野外に目を向けていた。当時はまだ、戦場においてウマは重要な道具だったからだ。理論的にはカプリッリの改革は昔ながらの馬術家の原理原則を維持し、強化しようともくろまれたものだったが、実践面でウマと騎手との関係を変えうるものだった。同じ頃、マリア・モンテッソーリやルドルフ・シュタイナーらによって二〇世紀の人間教育にも改革が起こったのは、おそらく偶然ではなかったのだろう。

一九〇七年に亡くなるまでには、カプリッリの技法はイタリア軍の騎兵隊全体にいきわたり、その成果は実に多様な形で発揮された。彼の威光を世に知らしめたひとりがピエロ・サンティーニで、彼はカプリッリの考えに絶対の確信を持って本を書いた。その影響はポーランドやハンガリー、フランス、イギリス、そして（ハンガリーとイタリア経由で）アメリカ合衆国の有力な馬術学校に及んだ。

ここに至ってウマは世界を一巡りしてもとへ戻ってきたわけだ。すなわち、生まれ出でたアメリカに戻ったというだけでなく、戦場から馬術場へと回帰してきた。ここにきて再び、ウマは、一生をウマに捧げようとは夢にも思わない老若男女が乗る家畜に戻った。フェデリコ・カプリッリは厩舎の扉を開け、ウマと貴族（そして軍人）階級の特権との結びつきを一掃したのだった。

現在でもウマを飼うには費用がかかるし、住んでいる場所によって条件も異なる。だから誰もがウマを持てるわけではもちろんない。しかし輸送通信手段としてのウマの役割がほぼなくなったからこそ、乗馬の持つ意味合いは多くの文化の中で様相を新たにしている。一九八〇年代、世界のウマの数はおおよそ一億六七〇〇万頭といわれ、そのほとんどが娯楽日的で乗用されていた。

二〇世紀には、ウマの民主化と新たな家畜化が進んだ。そして今日、ウマが飼われ、愛され、ウマのほうでもここが自分たちの生きる世界であると学ばなければならない場所といえば、厩だ。

中央アジアのユルトやインディアンのティピーといったテント、芝土の家やレンガの家、石造りの城やガラス張りの邸宅、はたまた萱葺きの小屋やログハウスなど、人類は雨風を避け、家族を育て、友と集うのに「建物」に身を寄せて生きてきた。これらの建物に共通して言えるのは、いずれも人間が見つけ、考え、作り出したということだ。厩も含め、建物は工夫の才の産物だ。人間には屋根が——食物や飲み物が必要なように——必要だった。そしてそれ以上に、人間には人間という仲間が必要だった。だがウマが必要とするものはまた違う。ウマも人間同様食べて飲む。ウマも眠るが一度にたくさんは眠らないし、睡眠時間帯もばらばらだ。そして人と同じようにウマも群れを好むが、仲間がなくても生きていける。だが人と違ってウマは、野生の状態では開けた屋外に暮らし、動き回り、涸れ谷に隠れ場所を求め、ポプラの木陰に身を寄せる。

ウマを家畜化するということは、新たな生活の場を作ってやるということだ。はじめのうちは、ウマがさまよい出るのを防ぎ、風を遮ることのできる天然の障壁を囲い代わりに、丘や谷に住まわせていたことだろう。やがて囲いが造られ、一時的な、あるいは可動式の露営地ができていく。いずれかの時点で、なんらかの状況下で、人類は厩をこしらえた。

厩にウマを入れるのはあくまでも人間の都合であって、ウマの幸せのためではなかった。な

コネティカットの冬。ジョージ・ヘンリー・デュリー画。1858年頃

かには厩を気に入るウマもいたが、基本的には厩にこもるのはウマにとって自然なあり方ではない。アラブ人や平原インディアンはウマを屋外に出しておくことを好んだが、必ず天然の囲いと水場を確保した。それはかなりの費用がかかる場合もあったが、それが人間の側の心の平穏になった。

しかし、屋外での放牧はみんなができる方法ではない。だから多くは厩を造る。厩ができると放浪者は定住者となり、文明人はそれが進歩のようなふりをしたがる。街や都市を自然発生的にできたと考えたがるように、厩もまた自然発生的にできたことにしたいのだ。

これは人間とウマの歴史の一部ではあるが、人間にとってもウマにとっても障害を生み出している。都市に集中する人間の障害のほうは、枚挙に暇がなく、すでに充分論じつくされているだろう。厩に閉じ込められたウマに出る障害は、齰癖《さくへき》（柵や飼い葉おけなどにかじりついたまま息をする）や体揺らし（落ち着かなく体を左右に揺らす）などがウマを扱う人々の間でよく知られており、「悪癖」と言われている。いい厩ではできる限りウマをなだめて、ここが生まれつきお前たちのいる場所なんだよと納得させようとする。ウマは簡単にはだまされないが、彼らは順応するということも知っている。

ウマの立場からすると、厩でもっとも我慢ならないのは、退屈なところだ。だからウマに気に入られる厩は、材料がふさわしいとかデザインがすぐれている（当然ながら建て方の善し悪しはあるが）わけではなく、ある種の決まりごと、神秘的といえなくもない儀式のようなものが決められ、続けられている場所ということになる。不思議なことに、このおかげでウマだけでなく人間も満足できるようなのだ。

儀式は給餌と水遣《や》り、掃除と身づくろい、繁殖と出産、調教と言葉かけに関するものだ。なんのことはない、人間と変わらないのだ。そして、驚くにはあたらないのかもしれないが、人間が創造したこうした儀式が、ほどなくごく当たり前の習慣と化したのだった。かつて外国語を身につけるという、いかにも自然に反することを成し遂げると、「癖になる」などと言ったものだ。厩の儀式は外国語であり、癖だ。そしてそれが、厩というウマにとっての塒《ねぐら》を、家庭に変えていく道なのだ。

わたし自身がウマを育てている厩を別とすれば、わたしの記憶にあるもっともすばらしい厩はオンタリオ州の南部にあった。持ち主はレグ・グリアなるブリーダーで、狩猟用のウマや障害馬を育成し、なかにはオリンピックにカナダ国旗をもたらしたウマも複数いる。樹齢を重ねた太いヒマラヤスギのログで作られているのだが、まっすぐなログは鋼のように丈夫で、自然石の礎石の上に組み立てられてから一〇〇年を経てもまだ甘く香っているし、外壁に張った荒削りな板は当の昔に色あせて灰色になっていても、これ以上質のいい材には、当節もはやお目にかかれない。すべての生き物の例にもれず、ログも外壁の板も、ちゃんと呼吸しているのだ。

レグは儀式が好きで、ウマが儀式を好むこともちゃんと承知している。儀式のほとんどは毎日の食事の手順で、ウマによって食事の内容が異なり、また時には時間帯も異なる。食事を与えたあと、レグはウマたちを厩の外の放牧場《パドック》に出して、立ち居振る舞いやお互いの様子を観察する。馬房をきれいにし、そのほかあれこれ雑事を片付けるとレグはウマを中に戻して、個々の気質に応じて口調を変えて――決して彼自身の気分に応じて変えるわけではない（が、実のところ彼の気分もこれでなかなか安定しないところがある）――話しかける。

その後、二歳馬を入れている馬房の間の通路の奥、馬具を置いてあるところへ行くと、馬房を占める大勢の聴衆に取り囲まれるなか、レグは腰を据えて話しはじめる。そこはいつも暗くて、三〇年前に敷いた床のコンクリートから立ち上ってくる冷気も、冬になれば干草を山にした二階の脱穀場を支える梁の隙間から降りてくる冷気も、穀物容器の脇に積んだ甘い香りの干草ロールが遮ってくれる。

馬房は真ん中の通路を挟んで両脇に設けられ、およそ三〇から四〇センチ幅で厚さが手首ほどもある杉板で作られている。サイロの横、主厩舎に隣接して作られた付属小屋にも馬房があり、庭やパドックに出る大扉の向こうには独立した厩があって、そこにレグ秘蔵の種牡馬タマラックがいる。

厩には薬品棚が備えられている。昔洗面所にあった棚を杉板の梁に釘で留めたものだ。レグはそこに、疝痛を起こしたウマにのませる鉱油とアロエや、興奮している（ウマが、ということだが）ときに与えるホウ酸や硝酸銀、ひづめを整えるナイフ、新しい草刈機の説明書、難問にぶつかったときや祝杯を挙げたいときにひっかけるウィスキー（こちらはレグ用）をしまっている。

壁には古い首当てがいくつかかかり、年代物のそり用ブレーキが——まだ近所に鍛冶屋がいた頃、鍛えてもらった重い鉄釘だ——穀物保存容器の上の棚に、糊膏に混じって鎮座している。その奥では、古びた写真の中で、ハックニー種のウマが優美な馬車を引いている。前肢を上げ、首を高く起こし、目はちゃんときれいに撮れているか確かめるようにカメラのほうに向けている。レグの手によってこの地で生まれ育ち、その後数々の賞を与えられるまでに成功したことは、写真の下に留めつけられた複数の青いリボンが示している。レグの生きた証しは彼のウマたちだ。

　ウマの鼻息やいななき、そして彼らが機嫌のいいときに立てる柔らかな音を聴きながら、レグはウマについて語り続ける。そしてこれもまた、儀式の一部なのだ。レグはウマに聞こえるところでしかウマの話をしないからだ。ウマを語るときのレグの語り口は、それ以外のときとは違う。愛してやまない野球や、後々まで語り草になるほど争った息子たち、生まれてこのかたずっと――父の時代も、その父の時代も、そのまた父の時代も、ご近所だった人たち、一八三〇年代から四〇年代頃、みんなしてアイルランドからやってきて、生まれ故郷仕込みのウマの知識とともにオンタリオのマルマー・ヒルに住み着いて以来の隣人たち、そうしたことについて話すときのレグとは違う。アイルランドからの入植者たちの一部が苦しめられた飢餓は、ここの人々にはついてまわらなかった。だがウマはついてきた。苦くて甘い、自主独立の遺産だ。

　レグは、ウマを人間扱いして話すことはしない。もっとも、人間のほうをウマであるかのように話すことはあるが。彼にとって、ウマはウマだ。ウマの話し方は人とは違い、聞き方も、見方も、考え方も異なる。レグもそうだ。彼はよく、話しながらウマのうちの一頭に近づいて様子を見に行く。必ずしも今話しているウマとは限らない。それはなにやら、ウマとウマを扱う人々の秘密の世界、秘密の言語における、一種の連帯感のなせるわざのようだ。だがレグはウマにささやく人ではない。真のささやく人は多くはない。

レグはようやく歩けるようになった頃からウマのそばで働いてきた。一四歳のときに父親が亡くなり、レグは実家の牧場を、一度も離れて暮らしたことのない牧場を継ぐために学校を辞めた。小作人の忍耐と、農場主の信念、そしてウマ商人の図太さを兼ね備えている。ウマの市場の風向きが変わり、自動車業界になぞらえればスポーツカー的位置づけだったハックニー種の人気が翳りだすと、SUVにあたる狩猟馬や障害馬に生産の主力を切り替えた。そんな彼の牧場には、バイヤーが世界中から買い付けに集まってくるのだ。

ここに電気が通ったのはやっと一九五二年になってからだ。これは厩に安全に灯りをともしておけるのでよいことだった。同じ時期、トラクターも出回るようになった。だが農耕馬とともに育ったレグには、ウマなしで屋外作業をするのは考えられないことだった。彼はトラクターを耕作動物のように扱うし、特徴を認め、その力強さには用心深く接する。しかしトラクターは命じられたことしかしないように作られている。けれどもウマは、必ずやレグを驚かそうとしてくれる。それが彼にはいとおしい。

レグがウマを愛するのは、ウマが彼をこの地に結びつけているからでもある。ウマは家族の神で、物覚えはいいくせに気は短く、たいていは善良だが時折ふらふらさまよい出たり、人をはめようとしたりもする。決して目を離すことができない。この四半世紀、レグは三日と家を空けたためしがない。ウマは見張っていないといけないのだ。ウマのおかげで旅することができるが、ウマは定住を強いる。

家族経営の牧場での、人とウマとの関係はこんなふうにして始まったのだろう。見た目のあり様は必ずしもこのままではなかったかもしれないが、気持ちの持ちようはきっと共通していたはずだ。レグのアイルランドのご先祖によって、彼と彼のウマたちは、はるか始まりのときまでさかのぼるウマ文化の歴史に連なり、モンゴル北部やヨーロッパのウマたちと、アジア南西部から中東のウマたち、そして悠久の昔にベーリング地峡を越えた旅人たちとが再びめぐり合う。

第6章

魂をふるわせる動物
——気品、美、力の躍動

ウマといえば、人はたいてい背反するふたつのイメージを持っている。人間の歴史は、そのふたつの狭間にある。

イメージのひとつは働くウマで、農耕馬や馬車馬、家で飼われ、きょうだいが代々遠くの学校へ乗っていったウマだとか、幼い子どもが世話を任され、週末には遊んだりするウマ、馬術馬場や競馬場で見るウマ、サーカスやポロ競技場に出るウマ、古い彫り物や彫刻、フリーズや瓶などに施されたウマ――チャリオットに乗った王侯貴族や神々を引いていたり、そうした貴人を背に、気高くポーズをとっていたり――、あるいは、旧石器時代から現代までの絵画や、マイブリッジらの画像や映画の中に登場するウマである。

かたや、ロシアの大草原やフランスはカマルグの湿原を、あるいはアメリカのプレーリーや大ブリテン島の荒野、ノバスコシア沖のセーブル島の砂丘やオーストラリア奥地を自由に駆け回るウマ、というイメージもある。野生のウマだ。かつてわれわれが次々と命を奪い、そして今、なんとか救おうと躍起になっている野生馬だ。

このふたつのイメージの狭間にあるのが、カール・R・ラスワンがアラブのウマについて述べた「風を飲むもの Drinkers of the Wind」の冒頭に出てくるウマだ。「それは落ち着かぬげに四肢を震わす。その目は激しい炎を浮かべて煌き、鼻腔は反抗心に膨らむ。高慢な首の上で頭を反らせ、気品に満ちた物腰、均整のとれた堂々たる体躯が、伸びやかな肢の上に載っている。彼は年ふりてしみの浮いたシダー材の額縁に収まり、わたしの寝台の上に飾られている」

本書には働くウマが、そして狭間にくるウマたちが数多く登場する。ブラック・ビューティにマイ・フレンド・フリッカ、太古の洞窟絵画から最新のポスターやカレンダーなど。わたしたちがよく知る人物、気にかかる人物というのは、書物などで出合う人々であることが多い。ウマについても同じことが言える。書物や画像で出合うウマ。われわれの記憶の中にもっとも強く残るのは、実際には出会ったことのない、想像の中でしか知らないウマである場合もある。

今日わたしたちは、野生馬の趨勢に大いに関心を寄せている。ウマの世界の遊牧民たちだ。平原の遊牧民同様、遊牧のウマたちもウマと人との歴史の上で重要な役どころにある。どちらも数万年もの間、お互いが形作ってきた世界の中で放浪を繰り返してきた。

ウマを、文明という枠組みに囲い込み、狩猟や牧畜に利用したことで、ひょっとしたら大昔の人間は、草原が森林に覆われつつあり、待ち伏せする捕食者がうようよしていた当時、ウマを絶滅から救ったのかもしれない。しかし放牧地に囲われ、厩に入れられ、人間の仕事や娯楽のために育成され、人間の共同体の中に組み込まれたとき、ウマはもはや自分たちを取り囲んでいたアジアやアメリカの雄大な草原や山河を、夢に見ることしかできなくなったろう。それは人間にしても同じだ。こんな話がある。何千年も前にインドのさる部族長が、一二カ月の間ウマを放牧し、自由にさせた。そして自分の領地と放牧地の境界線を、その年ウマがさまよい歩いた範囲にすることに決めたという。「おお、われにわが家を与えたまえ、野性なるウマの

戯れる野生馬。ジョージ・カトリン。1834年から37年

さまよう場所……」

今わたしたちが「野生馬」と呼ぶのは、厳密には野生のウマではない。人間のもとから逃走して原野をさまよい、古くからの天敵である大型のネコ科やイヌ科の動物たち、それに天候と闘う生活に戻った放れ馬の子孫だ。こうしたウマを「feral（野生に返った、獰猛な）」と呼ぶこともあるが、悪い意味にもとられる。そこで「maroon（〔西インド諸島の〕脱走奴隷）」という言い方を好む人々もいる。これはスペイン語の cimarron、「野生」からきた語なのだが、これはこれでわけありの言葉だ。マルーンは、一四九二年以降、カリブ海地方や南米のサトウキビプランテーションから逃がれて、奥地に自分たちの社会を作り上げた逃亡奴

隷の呼称で、痛切なまでに自由を求める彼らの気概と、なんとしても自分たちの領分を守ろうとする熱意を反映した呼び名なのだ

「文明」と「未開」と同様、「野生」と「飼いならされた」という形容も、恣意的な分類だ。「ウマ目ウマ科ウマ属ウマ」という分類自体、ひとつかみの毛と骨片から、古生物学者や考古学者、動物学者をはじめとする自然誌学者たちが恣意的に設けたものだ。二〇〇年前、進化論は、ウマの骨と、わたしたちを歴史の曙に連れ戻してくれる化石の記憶とに刺激を受けた。ほとんど毎週のように掘り起こされてくる新たな骨が、新たな発掘場所が、そのたびに理論をひっくり返した。ウマはアジア、アフリカ、ヨーロッパといった旧世界を闊歩し、さらには記憶のはるか彼方の時代から、アメリカ大陸にも存在していたらしかった。五〇〇〇年も前から、一万年も前から、五〇〇〇万年も前から。

生物学的分類でいえば、「ウマ目ウマ科ウマ属ウマ」が恣意的なものとしても、そのおかげでわたしたちは、ウマを同じウマ属のロバやシマウマと区別できる。またこのおかげで、ウマが単に耳の立ったロバでもなければ、縞のないシマウマでもないことがはっきりするのだ。

ウマに肩入れするようになる以前、人間はロバを家畜化した。これは野生のアフリカノロバの子孫である。その亜種がアジアノロバで、こちらはかつて、シリアからモンゴルにかけての砂漠や草原に、かなり大きな群れを作っていた。アジアノロバも狩られ、飼われて引き具をつけられたりもしたが、調教するのは容易ではなかった。一方ロバは、比較的容易に乗用したり

運搬用に用いることができたが、ただスピードと強さの点でウマに及ばなかった。とはいえロバは粗食で、ウマのように発熱しやすくもない。したがって疝痛も起こしにくく、飲み食いせずに何日も耐えられた。そのため、人間の歴史の上では有用な位置を占めていた。ただアジアノロバは多くの地域で狩りつくされ、亜種のオナガーなどはほぼ絶滅しかけている。根っからの鋳掛け屋である人類は、ウマとロバを掛け合わせてラバを作り、ラバはウマよりも早く使役に使われた。

シマウマは、ロバよりもウマからは遠く、ウマやロバ並みに家畜化されたことはない。セレンゲティの平原では、雨季ともなると一万頭以上が群れをなす。だが長年にわたり、肉と皮を求めて広い地域で狩られたため、亜種のひとつクアッガはすでに絶滅し、ほかにも絶滅に瀕している仲間がある。

野生のウマは、「ウマ属ウマ」の本質を体現しているといえるのだろうか。農耕や定住が本格化する以前、ウマの群れが自由に駆け回っていた頃の真髄を。庭いじりの具となった飼育馬は、堕落してしまったのだろうか。文明社会のウマは堕ちたウマで、野生のウマは高潔なる原種なのか。こうした問いに対してどのような立場をとるのかはさておき、そもそもこの議論の切り口は、アメリカ先住民のアイデンティティに関する議論と薄気味悪くなるほどよく似ている。

曰く、先住民を定住させ、「文明化」――あるいは「教化」――するのは、彼らの土着性を損なう、「真の」アイデンティティを破壊する、という議論がある。だが、平原インディアンがかつてウマを飼いならし、銃を手に入れたとき、だからといってインディアンらしくなくなったわけではない――いやむしろ、よりいっそうインディアンらしくなった、と考える向きもあるだろう――のと同じように、ウマも、人に寄り添うようになったからといって、そのために「ウマ属ウマ」らしくなくなったということはない。

ただ、「未開の」インディアンを一掃しなければ、というのは二〇世紀初頭の重大目標だったし、同様に飼いならしていないウマを一掃するのは人類の一貫した命題だった。と同時に、土着のウマも、土着の人も、どちらも救わねばならないが、おそらくまず救うことはできまいという感触があった。人類はどうやら、この矛盾を心のどこかで楽しんでいたものらしい。これはすべて、純血とは未開の同義語で、文明は堕落の同義語である、という理想を前提としている。

本書はこれとは異なる立場を提示したい。特にウマに関してだが、飼いならされたウマ、働くウマは括弧つきのウマで、野生のウマは引用符つきのウマだ。両者を合わせて、わたしたちが考える「ウマ」なのである。

ウマがわたしたちに力を貸してくれるのはそこだ。ウマは狭間を体現する。放浪と定住の狭間ばかりでなく、囲われている者と囲われていない者の狭間をも。「わたしはもう、この世の中に順応したくない」——古いバプティストの賛美歌の言葉を借りて、ウマと人は言い、ウマも人もそういう思いでいる。

この牧歌的な土地の理想は、ウマが自由に駆け回った真の故郷、平原やパンパス、サバンナやステップは、あたかも楽園エデンさながらわたしたちの心情に巣食っている。現実にはそこは危険に満ちた場所で、ウマは人間を含む天敵の前に生存も危ういだろうとわかってはいるのだが。だが今、ほんとうの「野生」馬、一度も家畜となったことのないウマがその幻想の田園に去ってしまった今、人とウマの共有する過去へといざなってくれるのはマルーンだ。それがためにわたしたちはマルーンの絵を壁に飾るのだし、マルーンのために胸を痛めるのだ。というのも野生のウマは、ある意味わたしたちの中の創造物のようなものだからだ。何ものにも囲われずに走り回り、夢のような田園で群れをなして放浪するのがどんなものかを空想する、よすがだからだ。

野生のウマにそれほど価値を求めながら、ウマを飼いならせることを大いに誇り、楽しみもするのはどうしてなのだろうか。たとえばモンティ・ロバーツがシャイボーイなる野生馬を手なずけたことになぜ喝采をおくるのか。できることそのものがすばらしいのか。

ひとつにはそうだろう。だが基本的には、もっと奥深い人間の心理に関係しているのではないだろうか。服従するための強さ、ウマが人の支配を受け入れるときに示す寛容さに関わっているように思われる。その強さ、その寛容さはまさに賜物とも言える気品であり、許しの形だ。野生のウマが飼いならされるとき、若駒が調教されるとき、わたしたちはその賜物を委ねられ、寛容さを垣間見る。そしてわたしたちは、この世界を生きていくにはその賜物から学ばねばならないことを、心の奥で知っているのだ。シャイボーイが教えてくれたことで、一番大切なのはここだろう。鋤を引いているウマ、丸太を運んでいるウマ、馬場で高度な演舞を披露しているウマ、競馬場を駆け抜けるウマを見るとき、わたしたちが知るべきなのもそのことだ。

ウマがいたって自然にやってのけてしまえるさまざまなことに驚き、それがきっかけでウマに魅せられていく場合もあるだろう。たとえばウマは、暗闇でも塒《ねぐら》を見つけられる。夜目が利くのは、もちろんウマの目が特殊だからであり、網膜に対して光を反射する特別な膜があって、暗視ゴーグルのように光るのだ。ただそれだけがウマの帰巣能力を支えているわけではなく、なにやらもっと神秘的な力もある。毎年毎年、大陸や大海を越えて渡る鳥のように、かつて生まれた川に戻って産卵するサケのように、ウマにも特別な帰巣本能がある。見知らぬ土地を進むとき、おそらくはウマも渡り鳥同様、磁場に従っているのだろう。あるいはまた、サケがそうと考えられているように、匂いに導かれているのかもしれない。どちらにしても、たいした能力だ。

あるいはまた、太古からの人類の夢、空を飛ぶということを、人間と同じ地面に生きる動物でありながら、実現するかに見えるところに、魅力を感じることもあるかもしれない。

それとも、古代ギリシャの神々顔負けの、気まぐれでいたずらで意地悪なところがどうしようもなく魅力的なのかもしれない。

でなければ、彼ら、ウマが視界に入ってきたとき、あたかもつかの間世界が静止したように感じられる——そしてウマは自在に駆けているのに、実際ほんとうに世界は静止する——、そんな一瞬がウマに魅入られるときであるのかもしれない。かつて偉大な芸術家たちが、大地と空の狭間、力業と手管、峡谷と檻との狭間にある浮揚する瞬間をつかまえようとしたものだ。そうした芸術家たちの努力は、わたしたちを魅了し続けてやまない。なかでもすばらしいのは、ヴェネツィアにあるサンマルコ寺院の表玄関を飾る四頭の青銅のウマだ。紀元前四世紀の作で、これを造ったリュシッポスは、アレクサンドロス大王が自分の肖像を手がけるのを許したただ一人の彫刻家だ。四頭はもともと、皇帝ネロによってローマに運ばれ、皇帝が死ぬ西暦六八年までかの地にあった。二五〇年後、四頭はコンスタンティノープルに現れた。コンスタンティヌス大帝が、戦車競走を行う楕円形競技場のスタートゲートに据えたのだ。一三世紀初頭に街を襲った十字軍が青銅のウマを奪い、ヴェネツィアに持ち帰って、略奪品との交換条件で十字軍の航海費用を負担した総督に献上した。四頭がそこにあったのは、ナポレオンがパリに持ち去るまでで、彼は青銅のウマを、エトワール凱旋門とシャンゼリゼ通りを挟んで向かい合うカルーゼル凱旋門の上に、自らの勝利を祝して据えた。だが一八一五年のウィーン会議でヴェネツィアに戻されることが決まり、以来（二度の大戦中に疎開したのと、何度か展覧のため海を

ヴェネツィア、サンマルコ寺院の青銅のウマの頭部

渡ったのを除けば）四頭はこの地にとどまっている。青銅のウマでさえかくのごとくさまよい、時には盗まれて、流浪と定住の暮らしを行きつ戻りつしているのである。

芸術の世界にはウマがあふれている。ショーヴェの洞窟画から、たたずむウィッスルジャケットの静止画、セクレタリアトやシービスケットがゴールになだれ込む写真もそうだ。さらにはまた、紀元二世紀頃の中国後漢には青銅の天馬「馬踏飛燕」があり、平原インディアンは木彫りのウマをこしらえた。フランツ・マルク（表現主義のグループ青い騎士《ブラウエ・ライター》のメンバーだった）のすばらしい抽象画には渦巻くようにウマが描かれ、東洋的な広がりをうかがわせるフランク・メショーのポニーの壁画は、一九三〇年代から四〇年代にかけてコロラドを中心とするアメリカ西部一帯の壁に描かれた。何千年もの間、世界中の芸術家が、動と静の狭間にある一瞬を捉えようと格闘してきた。それはまるで、魂を捕まえようとするようなものだった。けだし芸術とは、常に魂を捕らえようとするものであり、だからこそウマは、かくも芸術の題材になってきたのであろう。

魂を捕らえようとするのは宗教の姿でもある。そしてウマが、世界各地の宗教伝承に確固たる位置を占めてきたことは、墳墓などから明らかだ。歴史を通して、そこここにウマが見え隠れする。紀元前五世紀ケルトの人頭馬身像や、二〇〇〇年も前、古代インドの精霊キンナラをかたどった像。これは人の頭のあるべきところがウマの頭になっている（半人半鳥の姿もあり、音楽の神とされるところが、ブラックフットのカモからウマが生まれた伝承のアジア版のようだ）。創世神話には、いくつかの共通項がある。たとえばギリシャ神話の有翼のウマ、ペガサスは、ゴルゴーン三姉妹のひとりメデューサの血から生まれたが、北欧の神オーディンのウマ、スレイプニルは、悪神ロキ——その時は牝馬に化けていた——と山の巨人のウマ、スヴァジルファリとの間に生まれている。光と闇の両方を受け継いで創られた伝説のウマたちだ。

ありえない（しかも時として不快ですらある）ところから生まれた、ありえない存在。だがありえないもの、不快なものがおうおうにしてそうであるように、人々はその存在を信じた。皇帝マルクス・アウレリウスの典医で古代合理性の見本のようなガレノスですら、ケンタウロスの胆汁が卒中の治療薬になるかどうかをまじめに論じた。もしケンタウロスの存在やウマの薬を信じる者がひとりもいなければ、そもそもそんな議論はされなかっただろう。またウマは、そのほかの形でも信仰と結びついていた。古代の言語の多くで、「ウマ」と「精神」は近しい言葉だった。中央アジアの遊牧民族や中東の騎馬戦車部族の社会でも、イスラムのウマ文化からキリスト教世界の騎士道、そしてアメリカ大陸の平原インディアンから近代ヨーロッパの乗馬学校まで、ウマが表象するのは、制御しがたいものを制御しようとする試みであり、それがひとつには、ウマが宗教の内包する矛盾を浮き彫りにし、神話の世界に繰り広げられる自然と超自然の間を取り持つといわれるゆえんでもある。

神話は、つかの間にせよ矛盾を説明してくれる。これは、人間の好奇心――人の心を満たし、同時に揺さぶってやまない人間の厄介な特質である好奇心に応えようとするものでもある。火も言語も、そして狩猟の道具も好奇心の産物で、黎明期の人間に、広大な土地を支配するすべを与えたが、それらはえてして、神秘的な、あるいは超自然的な力になぞらえられてきた。だからウマが崇められても何の不思議もない。ウマは人生の不思議を読み解き、同時に深めてくれる存在だったからだ。モンゴル語では、彼らの日常の核にあるウマを「takh タク」と言い、それは魂という意味でもある。

何千年というもの、ウマは信心を形作り、人に慰めを与えてきた。北欧神話で世界を体現する巨大なトネリコの木はユグドラシルと呼ばれるが、その意味は「恐るべき者（北欧神話の主神オーディンを指すとされる）のウマ」で、神々はここに集った。ゾロアスター教の経典とその注解をあわせた「ゼンド・アヴェスター」には、ウマの影響が色濃く、多くのウマ名人が登場する。また、ケルトのウマの女神でガリアの母エポナは、ローマ軍の騎兵にガリアの精霊として信仰された。そしてイギリス、バークシャーのアフィントンの丘に二五〇〇年も前に記された――長さおよそ一一〇メートルに及ぶ――巨大な白馬は、ウェールズ地方におけるエポナの化身と考えられるリアーノンを称えるためのものだろう。こうした話は世界中で枚挙に暇がない。聖なる森で、はたまた広大な草原で、あるいは空で、地中で、太古の昔からウマはいななき、鼻を鳴らしてきた。

神話の神々と同じく、こうしたウマは人間以上に人間くさい。それでいて、人間とはまるで違う。わたしたちの想像力の中で創られ、時にはわたしたちのほうこそ彼らに造られたかに思える。時として執念深く、時として高潔、温厚かと思えば扱いにくく、危地にあっては強くて恐れを知らぬのに、ウサギに脅え、腹痛くらいでへたばってしまう。めったに不平は言わないが、気分は常にむき出しにする。こうした事象に説明をつけることはできるが、ウマに関わる人間は、必ずしもそれを好まない。ウマは魂が肉体を持ったもので、霊魂も生身の肉体も、わたしたちをおろおろさせる。同時に敬意を要求する。ムハンマドは尊敬の印として、ウマの目と鼻面をぬぐってやるのを日課としていたという。

　調教師のバック・ブラナマンは、ウマや騎手のトレーニングでも、また映画「モンタナの風に抱かれて」（原題「馬にささやく男《ホース・ウイスパラー》」）でロバート・レッドフォードが演じた主人公のモデルとしても有名だが、夢想と現実との両方を踏まえたタイトルの本を書いた。そのタイトル「遥かなるウマたち」（The Faraway Horses 邦題は『馬と共に生きる——バック・ブラナマンの半生』）とは、長い間家を離れて放浪するブラナマンのことを言い表すのに、彼の子どもたちが用いた言い回しだ。実際には彼はクリニックを立ち上げて、ウマとどう接したらいいか、どうやって意思疎通するのか、心根の寛容さを引き出すには（とりわけ、ウマが噛みついたり蹴飛ばしたりしてくる場合）どうしたらいいのかを人々が理解できるよう、手助けをしているのだが、とりとめなく想像力を羽ばたかせてしまう子どもたち——そしてブラナマン自身——からしたら、父親の思いはいつも、はるか遠いウマたちに飛んでいるのだった。

　そうしたウマたちがわたしたちに家庭をもたらし、日常言語に居残った——「半端物 bits and pieces」はもともとはハミ（bit）などの馬具に関係する言い回しだった。ほかにも horseplay（馬鹿騒ぎ）、horse sense（生活上の知恵）、putting on airs（気取る）、putting the cart before the horse（ウマの前に荷馬車をつなぐ＝本末転倒）、start from scratch（ハンディなしのゼロからのスタート）、giving someone a leg up（ウマに乗るために足を乗せるのを手伝う→障害を乗り越えるのに手を貸す)、riding roughshod(滑り止め釘付きの蹄鉄で乗り回すように→威張り散らす、踏みつけにする)……などなど。ウマに関わる言い回しだけを連ねて、「dark horse candidate(穴馬的候補者)は、おそらくchamping at the bit(ウマがハミを噛み締めるように→いらだっている)かもしれないが、get off his high horse(高慢さを捨て)て、tilting at windmills(風車を傾ける→仮想の敵に立ち向かうような無駄骨を折る)のをやめる必要があるだろう」などということもできる。

はるかなウマたちはわたしたちの夢にも入り込んでくるし、たとえば古代アジアと現代ヨーロッパのようにかけ離れた世界同士を結びつける共通項にもなる。狩猟社会と農耕社会、都市住民と地方住民、戦争と平和。乗馬は人間にとってひどく不自然な行為だが、同時にいたって自然な営みでもある。ウマは嵐の中を歩くこともあれば、嵐から身を隠すこともあり、わたしたちをはるか遠くまで連れて行くことで、世界に近づけてくれる。

彼らはまた、わたしたちの社会の区分など無視するので、わたしたちには原因と結果の因果関係がわからなくなる。哲学者のハーバート・サイモンは、浜辺で活動するアリを観察した。浜辺の地面は平らではなく、その上をたくみに進むアリは、見ていて実に面白いものだった。だが、浜辺にあって面白いのは、ひょっとしたらアリではなく、不可思議さそのものなのかもしれない、とサイモンは言う。そのような観点からすると、複雑なのは浜辺のほうであって、アリはあくまでもアリにすぎず、浜辺を横切ろうとする程度にしか高度でないことになる。人とウマの関係も、もしかしたらそのアリと浜辺のようなもので、そのくらい世界各地の偉大なウマ社会ではすでに、先刻承知のことなのかもしれない。

一九三三年の春、山から出てきたとき、ビッグバードは一七歳だった。その年、ボビー・アタッチーがスギの端材（苛酷な冬のあと、地所を捨ててバンクーバーへ戻った自作農家が残していったもの）でこしらえた間に合わせの柵の中で、ミンディ・クリスチャンセンが集めておいた干草を食べて短期間過ごしたあと、ビッグバードはバンピー・メドウズでアルファルファやクローバーを食べながら長い休息をとった。体調はよさそうに見えた。

実際良すぎるほどで、そのためにいろいろなことが起きた。それまですでに五頭仔馬を産んでいたビッグバードは、妊娠の徴候なら心得ていた。そしてボビーが、かつて祖父のジェリー・アタッチーがよく夏に野営していた土地で農業をしている仲間から、牡馬を借りてきていたのだ。そこは、泉から沸き出す流れが冬も絶えず、夏には雪解け水で水量の増す手ごろな小川のほとりにあった。

牡馬の名前はルパートで、とりたてて美男とはいえなかったものの、いい牡馬の例にもれず、こいつも常に隣町に目を光らせている。軽々と身を寄せるなり、あっという間にことを成し遂げてしまう奴だった。

ボビーは野営地までルパートに乗ってきていた。野営地に着いたときには、ルパートはビッグバードには目もくれなかった。そのためボビーはバンピー・メドウズの囲いの内で、森の近くにルパートを入れた。ビッグバードは反対の端、八〇〇メートルほども離れたところで草を食んでいた。二日後、ルパートは鼻にしわを寄せ、歯をむき出して笑った。準備は完了だった。というより、ビッグバードの受け入れ態勢が整ったのだった。ビッグバードはこの距離で、ルパートに流し目をくれたのだ。

そこでボビーは棹をはずして囲いの門を開けた。ルパートが相手をよく見ようと近づいていくひづめの音がした。ついで騒々しい鼻息、甘いささやき、首を甘噛みし——一カ月たってもキスマークは消えなかった——、今しも何かに衝突しそうないななき。

ウマの性交はほとんど時間を要しない。性に関する限り、ウマはティーンエイジャー並みだ。いつ見つかるかとびくびくしながらなのだ。パニックはウマの性分のようなものだ。だからすべて終わるまでに一分もかからない。

少しでも長引かせたいと思ったのだろうか、ビッグバードとルパートはその後の二、三週間で五、六回ことに及んだ。もちろんルパートはその間もあちこちに手を出していた。ただ、ビッグバードはルパートのいななきを聞き分けた。一度その気のないときにルパートが背後に回り首筋を噛みはじめると、ビッグバードは彼を蹴り飛ばした。ルパートは退散し、次の日またアタックしてきた。

首尾よくビッグバードは妊娠し、その夏、ボビーは彼女を市に出すため南へ向かった。ビッグバードを手放したくはなかったが、これで付加価値がついたのだし、ボビーらは新たに群れを増やそうとしているところだった。ビッグバードは翌年の春、一一カ月後に仔馬を産むはずだった。

ボビーがビッグバードを連れて行ったミルク・リバー・リッジのあたりは大きく変わっていた。その五〇年前、クロップ・イヤード・ウルフが住んでいた場所だ。道路が走り、ブラックフットの人々は周辺に広がった街に移ってしまっていた。クロップ・イヤード・ウルフは、第一回のカルガリー・ロデオ大会の翌年、人とウマとの長い歴史の次なる章が幕を開けるのを見届けて世を去っていた。彼の跡を継いだのは、ショット・イン・ボース・サイズだった。だが、後継者にはウルフ・モカシン、別名ジョー・ヒーリーがよかったと考えていた者も少なくなかった。

ヒーリーは、両親がモンタナでペンド・オリーユ族の襲撃に遭って殺されたあと、白人の家庭に引き取られたため、ふたつの世界で育った。彼は非常に伝統を重んじ、キリスト教に改宗しなかった数少ないカイナイのひとりだが、英語も流暢に話すし、時代の変遷について語りもする。彼の心情は分裂していると感じる人々もいるものの、それでも彼は地域社会では尊敬される人物なのだ。のちに、雷雨をくぐりぬけ、自分は生還したが仲間を失ってから、ヒーリーはブラック・クロウ（黒鴉《くろがらす》）という別名を名乗り始めた。鴉は雷の精の使いである。

ジョー・ヒーリーはウマとともに生きてきた。ボビー・アタッチーが彼にビッグバードを見せた一九三三年の夏、ヒーリーは七〇歳近かった。ジョーはひとめでビッグバードを気に入った。色がよかった。動きも満足のいくものだった。ペルシュロンの血が混じっているせいだとも言われる。ジョーは、ペルシュロンが牝馬も牡馬も、自分の良質を確実に産駒《さんく》に伝えることを知っていた。バーUに集まる牧場主たちは、もう半世紀も前から盛んにペルシュロンを取り入れて、大陸でも一、二を争う立派な群れを育てていた。だがジョーは、ビックバードにはなかでも図抜けてすばらしい何かがあるのを見て取った。馬体は短く（一番下の肋骨と腰角の間は手のひらひとつ分の広さもない）、腰は低く（後肢は上半分よりも下半分が短い）、全身がどっしりと視界をふさぐので、胴回りは深い。腰は低く（後肢は上半分よりも下半分がちらかと言えば短足だ）。肘離れがよく（胸郭と肘の間に拳が入る）、どんな地面にもしっかりと立ち（脚は先端に向かってほっそりしている形ではなく、四肢ともに角ばっている）、上半身がことに立派だ（首から肩にかけて均整がとれている）。そして、アラブの血を感じさせるやや丸い顔をしていた。ジョーはビッグバードの腹に子がいるのをすぐ見抜いた。安産型に見えるし、なにより厳しい冬のあとでも体調がよさそうだったからだ。それに彼の見たところ、ボビーはウマの扱いをよく心得ているようだった。

一方ボビーは、ウマの商人がもう何千年とやってきたような、商品の欠点をごまかすような小細工――じっと立たせておかないとか、あまり動かさないとか、柵のごく近く、あるいはうんと遠くに立たせるなど――は一切しなかった。欠点のないウマなどいないのだから、粗探しをすれば難癖のつけどころは必ずある。第一、ジョーにそんな小細工が通用するわけはなかった。

ジョーは予想にたがわず、目に付いた欠点をすべて指摘した。それは少なからぬ数だった。最後に彼はビッグバードの口の中を見た。「そこそこ長生きしているな。これからもまだ当分持つだろう」とだけ、彼は言った。ウマの年齢は歯の磨耗具合（九歳くらいまでには、歯冠の層が磨り減って、襞状の構造に消えてなくなる）や、形、歯と歯茎の境目の黄色い溝（一〇歳くらいで現れはじめ、三〇歳くらいでなくなる）から推し量ることができる。そのため、商人のなかには買い手の目をごまかそうと歯にやすりをかけたり穴を開けたり焼いたりする節操のない者もいる。そういう行為は、何世紀も前にごまかしをやったビショップなる商人――あるいは実際に司教《ビショップ》だったのかもしれない――にちなんで「bishop」すると呼ばれる。中古車販売業者が車の走行距離計をいじるようなものだ。ウマはかなり長生きで、血統によっては五〇か六〇歳まで生きることもあるが、三〇代はそれなりに高齢だ。それでも、ごまかして稼ぐにはまだまだ長い時間が残されている。

ボビーはそういうごまかしを一度もしたことはなかったが、やったとしてもジョーが相手では所詮無駄だったろう。ジョーはウマの口からたちまち真実を見抜いてしまう。だから贈り物でもらったウマの口を覗いてはいけないのだ。いただきものの年齢を確かめるなど礼儀を欠くことだ。

だが、もちろんこの場合は贈り物などではないし、どのみちジョーは食指を動かさなかった。ボビーはジョーがあげつらったビッグバードの欠点に反論しなかった。するだけ無駄だ。ジョーの見解はすべて正しく、それでいて、ウマが気に入ったのならどうでもいいことばかりだった。ジョーはビッグバードを気に入ったようには見えなかった。そこでボビーは、実はビッグバードを売りたくはないのだといった。「ピース郡では一番いいウマなんだ」彼はジョーに決定的なことを言われたくなくて、そう付け加えた。ジョーは何か言おうかと考えたが、だまっていた。

これで交渉は終わりだと考えたボビーは、ジョーにタバコを勧め、ふたりで一緒にふかし、お茶を飲みながら天気の話、野球の話、カルガリー・スタンピードの話、そして七月に後輪がキャタピラになっているシトロエンのハーフトラック五台でピース・リバー郡からアラスカへと向かったシャルル・ベドー探検隊の話をした。この夏は雨が多く、シトロエンはすぐぬかるみにはまって身動きがとれなくなってしまった。八月には、二台が絶壁から飛び出し、一台が急流に沈むというスペクタクル映画並みの派手な事故をやった挙句、ベドーの一行はウマに乗り換えた。ボビーとジョーは、最初からウマで行けばよかったんだと意見が一致した。

ボビーは引き揚げるつもりで腰を上げた。ジョーの家の外に、いつの間にかウマが四頭運ばれていて、ボビーがトラックを停めたそばの柵につないであった。とりたてて目を引かれるほどに名馬というわけではないが、どれもよさそうなウマだった。なかに一頭アパルーサがいて、ボビーの好きな斑《まだら》模様だった。アパルーサ種のウマは、現在のワシントン州にあるパルース川沿いで、ネズパース族の人々が育成していた。

「あんたの牝馬とこの四頭を交換だ」とジョーが言った。ボビーは声を出さず、平静を装った。彼はウマには精通しているし、ウマを売り買いして長い。だが今相手にしているのがその道の大ベテランであることも重々承知していた。一八八〇年代の初め、ジョー・ヒーリーがバッファローの最後の群れを追いかけてモンタナに行った頃、ボビーはまだ生まれてもいなかったのだ。

そこでボビーは時間を稼いだ。「見せてもらうよ」どこからともなく若者が現れてウマを歩かせ、走らせた。ボビーはウマに近づき、一・八メートルほどの距離から一頭を丹念に見た。目と耳を見、管骨瘤や飛節腫脹、飛端腫、飛節後腫の徴候はないか調べ、それから足を持ち上げて、ひづめが裂けていないか、飛節が縮んでいないか確かめ、蹄鉄がちゃんとはまるか、ひづめの底を軽く叩いた。また、肺気腫がないか、呼吸でわき腹が膨らむ様子を眺め、項瘻ができていないか頭の天辺を探り、ひづめとつなぎの角度をしげしげと眺め、離れて見たときに気づいたささいな欠陥――三頭の前肢の管骨に瘤があり、一頭は飛端腫があった――が間違いなくささいなものであることを確認するために、肢を手でなで上げた。さらには、それぞれの目を手のひらで二分ばかり覆い、月盲症を確かめる。

「引き合わないな」ボビーは、充分に引き合うと考えながらもそう言った。「ビッグバードはいいウマだ。それに産まれてくる仔もどれくらい良くなるかわからん。おれの名を上げてくれるかもしれん」ジョーは後ろを向いて古い洗濯機の上に積み重なった馬具の山から、美しくビーズを施した布製の尻懸（鞍が前に滑るのを防ぐ）と、革製の鞅《むながい》（鞍が後ろに滑るのを防ぐ）をつかみ出した。商談は成立した。

ビッグバードは交渉には無関心だった。取引の手順はわかっていたし、いずれにしても彼女は、ジョー・ヒーリーの馬小屋の周りに咲いているアザミの大きな紫色の花にうまく口を持っていくのに忙しかった。アザミがちょうど食べごろの時期だった。

アザミを食べるには時間がかかるし、神経を使う。花と、花を守っている鋭い葉とをより分けなければならないし、そのために唇を大きく広げ、とげで鼻がむずむずするのを我慢して慎重に進んでいくと、ようやくこの広い世界で一番美味しい花にたどり着くのだ。ウマがみんながみんな、ビッグバードのように巧みにアザミを食べられるわけではなかった。どうしたら一度もくしゃみをせずにアザミの花にありつけるのか、自分の食べる様子がほかのウマにしげしげと観察されていることを、ビッグバードは自覚していた。今ちょうど、ビッグバードは花にたどり着いたところだった。そこでボビーに呼ばれた。ああ、キャンディみたいに美味しい。

ボビーとジョーのいるほうへ近づいていきながら、ビッグバードは春に思いを馳せていた。恐ろしいほど厳しかった冬の間に、ビッグバードは多くの友を失ったうえ、数年前に産んだ仔を二頭亡くしていた。だがその季節を乗り切ったウマは、夏がまるで贈り物のようにやってくることを知っていた。すべてのものが花開き、新しい年を得て成長する。花も、草も、きらめく小川も。そしてウルシやカラマツは、やがて秋には色づき、次なる春を約束するかのように金色に輝くのだ。

翌年の晩春になって生まれたビッグバードの仔馬は、それはそれは愛らしく、女たちのひとりはすぐさまその仔のために毛布を編みはじめた。仔馬はリトルバードと名づけられた。リトルバードはいささか出っ歯気味で、そのせいでいつも驚いているように見えたが、驚きがちなのは悪いことではない。詩人や賛歌の歌い手が鋭く観察するように、捕食者の餌食になるものが注意を怠らないように、リトルバードもいつも周囲に目を配っていた。

リトルバードは踊るように動く。といってもヨーロッパの宮廷舞踊の凝った動きではなく、カントリーダンスの動きだ。ラインダンスやスクエアダンス、それに太陽の周りをめぐるダンスが好きだった。ゆったりしたトロットで一日中でも歩き回り、四本の肢が全部空中に上がる瞬間――実際にはほんの何分の一秒にしかすぎないが――を、大地から離れ、飛んでいる瞬間のスリルを楽しんだ。驚くべき恩寵《アメージング・グレース》だ。それに気づいているのはビッグバードだけのようだった。ジョー・ヒーリーは二年後、リトルバードが野に駆け出した最初のシーズンを見届けたのち、この世を去っていた。ジョイ・ハージョは、「彼女はウマを持っていた」で有名なクリーク族の詩人だが、かつて、聖と俗とを隔てる線は、釣り糸並みに細いと書いている。ウマがその本領を発揮する、大地と空とを隔てる線も、やはり細い。

ミルク・リバー・リッジの流れる草原で、人は昔、ウマを狩った。川は南へ、メキシコ湾へと流れ、北へ、ハドソン湾へと続く。その同じ草原を、ビッグバードの仔馬がのびのびと駆けている。ボビー・アタッチーの、ナバホのウマたちの、そしてあの日アジアの草原で最初にウマに乗った少女の、化身として。仔馬は走る、預言者ムハンマドの愛馬のために、ブラックフット族チーフの愛馬のために、そしてあらゆる時代の芸術家の愛でるウマたちのために。神を称え、バッファローや、遠い祖先たるモンゴルの神馬《タク》を称えて走る。

仔馬は、世界と約束した奇跡の象徴だ。走りながら仔馬は思いをめぐらせる――父祖であるペルシュロンたちが、固い大地を砕き、家を建てる木材を丘から運んできたことや、土曜日には正装して教会に出かける一家を乗せ、馬車を引いたこと。これもまた父祖であるアンダルシア種が、完璧なる「高貴な歩様」を身につけ、旧世界の乗馬学校で誉れ高く披露したこと。同じミルク・リバーのそばで生まれたブロンコで、ミッドナイトという名の途方もない暴れ馬がいたことを。一五年もの間、名うてのロデオ乗りたちを次々に振り落とし、大平原地方にその名を轟かせたミッドナイトは、丈高く、幅も広い美しい馬で、つい先年の一九三三年、ワイオミング州シャイアンの街で盛大な引退式とともに現役を退いた。

そしてリトルバードは、モンゴルからシベリアに連なるアルタイ山脈やゴビ砂漠に広がる野生の群れ、オーストラリア北部のカーペンタリア湾を駆け巡る半野生馬、チルコーティンのムスタング、ヨーロッパ北部の荒野や南アフリカの岬にいるポニーへと思いを馳せる。駆けて、駆けて、駆けて、やがて仔馬は母のそばに、ハコヤナギの林のそばの涸れ谷に、牝馬たちと集うビッグバードのもとに戻って鼻をすりつけた。ここが故郷《ホーム》だ。

原註および謝辞

馬について語ることは古くからの習慣で、とりわけ志を同じくする者同士では話が弾む。まず友人たち——ディックス・アンダーソン、テッド・ジンカン、ベッティ・ヴェイダ、フレッド・ハント、ジム・ヒーガン、カミール・ジョゼフ、そしてクートネイのビル・デュボア、スパティージのトミー・ウォーカー、ハートフォードシャーのカーリーとジェイムズ・リンゼル、それに忘れてはならないのが、バウ・バレイ農場のジョン・バーンズだが、このうち誰一人として、わたしを手伝ってくれているつもりで、とんでもないいたずらをしでかしていたことには気づいていなかった。ドリック・メショー、キャロリン・サーヴィド、ジョン・ストレイリー、ゲイリー・ホルソース、テレサ・ジョーダン、サンダー・ギルマン、ニール・スターリット、デイヴィッド・クリスリップ、キャロル・ウィルソン、ピーター・アッシャー、ブリット・エリス、パトリック・ソール、ジョージとダイアン・ラフォーム、デレク・ホプキンス、エディ・ボー、エレイン・メルボルン、ジャネット・アーヴィング、ラムジー・デリー、ロブ・フィンリー、ジョン・オブライエンの各氏には、励ましをいただいた。妹のリズ・フッドには、家族の思い出を整理する力になってもらった。リチャード・ランドンには、書物に関する豊富な知識を貸していただいた。パディ・スチュワートにはポーキーについて教わり、イアン・マクレイにはフィールド調査に基づいた情報を、またスーハ・クディシには、アラビア語の翻訳で力を貸してもらった。

ジャン・エリック・ガースは最初から最後まで、わたしのよき調教師であり、編集者であった。彼がいなければ本書を書こうとすらしなかっただろう。ジョン・ジェニングスはその該博な知識と経験とを、彼がよく知るウマにも負けない寛大さで、惜しみなく提供してくれた。彼がいなければ、本書を書き上げるなど思いも及ばなかった。

ローナ・グッディソンはわたしの日常と仕事とに品位をもたらしてくれた。終生感謝に絶えない。ジェフとメグとセーラは、観察し、ささやき、ひづめをかわし、からかいと懸念を絶妙に混ぜ合わせて「ところで本の執筆は進んでる?」と折りに触れ尋ねてくれた。おかげでなんとか執筆を続けることができた。

本書はマルマー・ヒルを我が家とする、レグ・グリアに捧げる。

また、かけがえのない文章を記してくださった方が大勢いる。注記にそのお名前を挙げて感謝に替えたい。大衆的な視点からも貴族的な視点からも、文明史における幅広い文献紹介になったと思っていただければ幸いだ。

第1章では、ミンディ・クリスチャンセンとハロルド・マッギルの覚書を、アルバータ州カルガリーのグレンボウ博物館の公文書館に保存されているそのままの形から若干読みやすく修正した。一九九〇年代に最高裁まで争われ、最終的に先住民側が勝訴した土地所有権訴訟のために、わたし自身が準備した訴状にも、これらの覚書を引用した。メリアム報告は「The Problem of Indian Administration」という表題で一九二八年に提出されている。また、ナバホ族のヒツジの損失に関わるリースマン・フライアーの文章は未発表のモノグラフ中にあり、お嬢さんであるアン・ヴァン・フォッセンのご好意により閲覧させていただいた。

疝痛に関しては——正しいのも誤っているのも！——幅広い情報源が入手可能だが、わたしはM・E・エンスミンガーの『ウマと馬術（Horse and Horsemanship）（1969）』、デズモンド・モリスの『競馬の動物学（Horse watching）（1988）』（渡辺政隆訳　平凡社　一九八九）、ジュリエット・ヘッジ、ドン・ワゴナー共編『ウマの構造（Horse Conformation）（2004）』（同書は疝痛以外にも示唆に富む部分が多く、全編を通じて参考にさせていただいた）などを参照したほか、自分自身の不愉快な体験も役に立った。ペルシュロンとパリの乗り合いバス会社の逸話は、Y・バートランドとJ・L・グーローの『馬（Horses）（2004）』、Kladruber とLusitano については、スーザン・マクベインとヘレン・ダグラス＝クーパーの『馬にまつわる実話（Horse Facts）（1990）』を参照した。

ブラックフットに関する情報は以下によった。まずグレンボウ博物館発行の「ブラックフットの人々（Nitsitapiisinni : The Story of the Blackfoot People）（2001）』。これは（ほぼ）ブラックフットの人々による同博物館常設展示選定委員会がまとめたものだ。フランク・G・ローの『先住民と馬（The Indian and the Horse）（1955）』とジョン・C・ユーアーの古典的文献『ブラックフット文化における馬（The Horse in Blackfoot Indian Culture）（1955）』には、マガモがウマの祖であるというブラックフット族の神話（ヘッド・キャリアがチューイング・ブラック・ボーンズに語ったもの）が採録されている。そのほか、ヒュー・A・デンプシーの『冬季におけるブラックフット人口（A Blackfoot Winter Count）（1972）』や、ブラックフット族や丘陵地帯の友人たちからの話も反映されている。特にクロップ・イヤード・ウルフをテーマとしたフランク・ウィーゼル・ヘッドとの座談（二〇〇二年BBCの番組のためにケイト・マコールが録取した）は役に立った。

本書全体にわたって紹介しているカザフ族については、サンドラ・L・オルセン編『ウマ通史（Horses Through Time）（2003）』中のヴィクトール・シュニールマン、サンドラ・L・オルセン、パトリシア・ライスによる章を参照した。同書には、ウマの祖先と家畜化に関する最新の説（リチャード・C・ハルバート・ジュニアとデイヴィッド・W・アンソニーによる章）や歴史に登場するウマ（ジュリエット・クラットン＝ブロックによる章）、ウマの近縁種についての章（スーザン・L・ウッドワード）もあり、非常に有益な文献だ。エクウスの進化については、ジョージ・ゲイロード・シンプソンの『ウマ（Horses）（1961）』も参照している。ヴァージニア・ウルフの言葉は、一九二四年に行った講義「ベネット氏とブラウン夫人」中で語られたものである。

第2章では、ショーヴェの洞窟画の記述には、ジャン＝マリー・ショーヴェ、エリエット・ブルネル・デシャン、クリスチャン・ヒレールの『芸術の夜明け――ショーヴェ洞窟画（Dawn of Art: The Chauvet Cave）（1996）』を参照した。ジェフ・オプランドに「イムボンギは『目』という意味だ」と言ったのは、コサ族でも最も偉大な歌手のひとりであるデイヴィッド・マニシだった。マーシャル・マクルーハンのコメントは『グーテンベルクの銀河系（The Gutenberg Galaxy）（1962）』（森常治訳　みすず書房　一九八六）のなかにある。「毛色のキャデラック云々」はモーリス・テリーンの『荷役馬入門（The Draft Horse Primer）（1977）』から引いた。同書は有益な情報が満載だ。ウマの毛色に関して述べている本でも一押しは、ベン・K・グリーンの『ウマの毛色――科学的かつ権威ある同定（The Color of Horses: The Scientific and Authoritative Identification of the Color of the Horse）（2001）』であろう。ジム・ケイの物語はミム・アイクラー・リーヴァスが『麗しのジム・ケイ――世界を変えた人とウマの失われた歴史（Beautiful Jim Key: The Lost History of a Horse and a Man Who Changed the World）（2005）』に綴っている。アリス・ルーズヴェルトに関する逸話も同書から引いた。ウマに関する最近の文献では、マーガレット・ケイベル・セルフの『馬乗りの百科事典（The Horseman's Encyclopedia）（1963）』トム・ドーランスの『真の調和――ウマと人のコミュニケーション（True Unity: Willing Communication Between Horse and Human）（1987）』、レイ・ハントの『馬と調和して考える（Think Harmony With Horses）（1990）』、ヴィッキ・ハーンの『アダムの務め――動物の名を呼ぶ（Adam's Task: Calling Animals by Name）（1986）』、モンティ・ロバーツの『馬と話す男（The Man Who Listens to Horses）（1996）』（東江一紀訳　徳間書店　一九九八）、バック・ブラナマンの『馬と共に生きる――バック・ブラナマンの半生（The Faraway Horses: The Adventures and Wisdom of One of America's Most Renowned Horsemen）（2001）』（青木賢至他訳　文園社　二〇〇二）をお勧めする。

初期の狩猟と家畜化の記述には、ピーター・L・ストークの『氷河期への旅――古代世界を発見する（Journey to the Ice Age: Discovering an Ancient World）（2004）』と、ブライアン・クーイマンとジェイン・ケリー共編の『辺境の考古学――北米大平原からの新たな視点（Archaeology on the Edge: New Perspectives from the Northern Plains）（2004）』（カナダの大草原を特に取り上げて言及している）や、野生馬の群れについての本、たとえばホープ・ライデンの『アメリカ最後の野生馬（America's Last Wild Horses）（1990）』、マーティン・ハーベリーの『最後の野生馬（The Last of the Wild Horses）（2004）』、モンティ・ロバーツの『シャイボーイ――原野からやって来た馬（Shy Boy: The Horse That Came in from the Wild）（1999）』などが役に立った。ローレンス・スキャンランの『馬の野生（Wild About Horses）（1998）』は野生馬を主題とした本ではないが、興味深い題材をいくつか取り上げている。実話、創作を問わず、馬の読み物として面白いものでは、スティーヴン・D・プライス編の『馬の名著（Classic Horse Stories）（2002）』と『古今名馬物語（The Greatest Horse Stories Ever Told）（2004）』が群を抜いているが、マキューアンの『思い出の草原――時代を越えた馬の物語（Memory Meadows: Timeless Horse Stories）（1997）』やテレサ・ジョーダンの『白馬で家へ帰る（Riding the White Horse Home）（1993）』といった郷土色の強い回想録（どんな地域にもあるだろう）や家族史、A・F・チフェリの（他に類を見ない）途方もない冒険談『チフェリ馬で行く――南十字星から北極星まで一万マイル（Tshiffely's Ride: The Thousand Miles in the Saddle from Southern Cross to Pole Star）（1933）』もある。繁殖、とりわけ競走馬の育成については、ケヴィン・コンリーの『種牡馬――繁殖の冒険（Stud: Adventure in Breeding）（2002）』やジョン・ジェレマイア・サリバンの『純血馬（Blood Horses）（2004）』が面白くてためになる。

第3章では、シグルドゥル・A・マグヌッソンの『北の牡馬――アイスランド馬の物語（Stallion of the North: The Unique Story of the Icelandic Horse）（1978）』が有益な示唆を与えてくれた。またモルガン・ベラルジョンとレスリー・テパーの『われらの時代の伝説――カウボーイの生活（Legends of Our Times: Native Cowboy Life）（1998）』が、特に一九一二年の第一回カルガリー・スタンピードの詳細を知るのに役に立った。引用したネズパース族のジョゼフ酋長の文は、North American Review から引いた。本章で取り上げた訴訟は

「Delgamuukw」として知られ、ギトクサン族とウェトスウェテン族が関わった。彼らは一審では敗訴したが、上訴して勝利した。

馬車の種類は、ルイジ・ジャノリの『歴史を通じた馬と馬術（Horses and Horsemanship Throughout the Ages）（1969）』を参照した。わたし自身多くを学んだ信頼できる書物だ。押すと引くの議論には、キャロリン・ヘンダーソン編の『新版馬具（The New Book of Saddlery and Tack）（2002）』から多くの示唆を得、また、鞍や鐙、頭絡やハミの解説にも同書からヒントを得た。この部分と、その後の部分でも取り上げた事柄のいくつかは、ジャン・デロシュの『インド美術における馬と馬具（Horses and riding Equipment in Indian Art）（1990）』からとった。ジョン・ジェニングスの談話は、私的な文通や会話による。馬の操作具の描写は、牧童のフレッド・イングから教わり、またリチャード・W・スラッタの『アメリカのカウボーイ（Cowboys of the Americas）（1990）』からも引用させてもらった。また同書からはカウボーイの馬文化についてさまざまな詳細を知ることができた。

第4章では、メギドの戦いを評したジョン・キーガンの言葉は、『戦争の歴史（The History of Warfare）（1993）』による。洗練と野蛮をめぐる著者自身の考察は、ウィリアム・H・マクニールの『西の勃興——人間社会の歴史（The Rise of the West: A History of the Human Community）（1963）』への反論をきっかけとして構築された。預言者イザヤの弁が登場するのはイザヤ書三一章第一（と三）節だ。チャリオットによる突撃に関して標準的でない解説を試みているのは、アン・ハイランドの『古代世界の馬（The Horse in the Ancient World）（2003）』で、この本にはわたしも大いに世話になった。荷を負う馬具や引き具について、本書ではごく簡単に触れているだけなので、わたしがジョー・バックによる『馬と引き具と岩の道（Horses, Hitches and Rocky Trails）（1959）』にどれほど多くを教わったかは、とうてい表わしきれていない。ウジェーヌ・ドーマ将軍の「東方の馬」の定義は、シェイラ・M・オーレドルフ訳『サハラの馬（The Horses of the Sahara）（1968）』による。アラブの馬についてはこの本からいくらか参照している。パンパスやプレーンの馬に関する引用は、ハーマン・J・ヴィオラ、キャロリン・マーゴリス共編『変化の種（Seeds of Change）（1991）』の、デブ・ベネットとロバート・S・ホフマンによる章「新世界の牧場」によった。

ジョージ・スタッブスについては、著者も彼同様、ただ立ち尽くしてウィッスルジャケットを眺めるばかりであった。ただし著者の場合、立ち尽くしていた場所は、ロンドンのナショナル・ギャラリーではあったが。マルコム・ウォーナーとロビン・ブレイクによる展示作品目録『スタッブスと馬（Stubbs and the Horse）（2004）』に加えて、ヴェネシア・モリソンの『ジョージ・スタッブスの芸術（The Art of George Stubbs）（2002）』も参照した。ジョン・バスケットの『芸術における馬（The Horse in Art）（1980）』はこの話題を知るには恰好の参考書であり、ほかにもT・K・ビスワスの『初期インド芸術にみる馬（Horse in Early Indian Art）（1987）』、S・D・マークマンの『ギリシャ芸術にみる馬（The Horse in Greek Art）

(1943)』、ワルター・リトケの『高貴な馬と騎手——一五〇〇年〜一八〇〇年の絵画、彫刻、馬術（The Royal Horse and Rider: Painting, Sculpture and Horsemanship 1500-1800）(1989)』、グレアム・バッドの『競馬の芸術と記録——ターフの祝典（Racing Art and Memorabilia: A Celebration of the Turf）(1997)』といった各書も有益だ。

第5章では、いくつかの競技についての描写は、モニクとハンス・D・ドッセンバックの『高貴な馬（The Noble Horse）(1987)』の助けを借りた。ウラジミール・S・リトーの『馬乗りの良識（Commonsense Horsemanship）(1972)』からは飛越の原理について学び、カプリッリの及ぼした影響については、これもジョン・ジェニングスに助けてもらった。

第6章では、ガレノスの説に関してはポール・ヴェーヌの『ギリシア人は神話を信じたか——世界を構成する想像力にかんする試論（ポーラ・ウィッシング訳）（Did The Greeks Believe in Their Myths?）(1988)』（大津真作訳　法政大学出版局　一九八五）から、ハーバート・サイモンの観察は『人工の科学（The Sciences of the Artificial）(1969)』から、ジョイ・ハージョの詩句は『空から落ちた女（The Woman Who Fell from the Sky）(1994)』所収の「釣り（Fishing）」から引用した。ジョー・ヒーリーの生い立ちは、ヒュー・A・デンプシーの『カーフ・シャツの驚くべき死、ブラックフットの物語（The Amazing Death of Calf Shirt and Other Blackfoot Stories）(1994)』にヒントを得た。いくらかはわたしの想像も混じっている。ボビー・アタッチーを創作したように。

【マ行】

【ヤ行】

【ラ行】

【ワ行】

【タ行】

【ナ行】

【ハ行】

【サ行】

さくいん

著者略歴

J・エドワード・チェンバレン（J.Edward Chamberlin）

カナダのバンクーバー生まれ。ブリティッシュ・コロンビア大学、オックスフォード大学、トロント大学で学んだ後、トロント大学で英文学と比較文学を教え、現在は同大学の名誉教授。また、アメリカ、ミシガン大学の客員教授も務めた。世界各地における先住民の失地回復訴訟に精力的に取り組んでいる。祖父がアルバータ州の牧場主で、馬の育成や馬に関する物語の収集にも携わり、トロントとブリティッシュ・コロンビア州ハーフ・ムーン・ベイ、ミシガン大学のあるアナーバーを往復する日々を送る。著書に If This Is Your Land, Where Are Your Stories? The Harrowing of Eden: White Attitudes Towards Native Americans など。

訳者略歴

屋代通子（やしろ　みちこ）

兵庫県西宮市生まれ。札幌市在住。出版社勤務を経て翻訳業。主訳書に『シャーマンの弟子になった民族植物学者の話』上・下、『虫と文明』（以上築地書館）、『ナチュラル・ナヴィゲーション』（紀伊國屋書店）、『ピダハン』、『マリア・シビラ・メーリアン』（みすず書房）など。

馬の自然誌

二〇一四年九月二二日　初版発行

著者――J・エドワード・チェンバレン
訳者――屋代通子
発行者――土井二郎
発行所――築地書館株式会社
東京都中央区築地七-四-四-二〇一　〒一〇四-〇〇四五
TEL 〇三-三五四二-三七三一　FAX 〇三-三五四一-五七九九
ホームページ =http://www.tsukiji-shokan.co.jp/
振替 〇〇一一〇-五-一九〇五七
印刷・製本――シナノ印刷株式会社
装幀――中西一矢（CULINAIRE）
カバー写真――表1 mari_art/iStock/Thinkstock　表4 Jupiterimages/BananaStock/Thinkstock

　ISBN 978-4-8067-1483-5 C0045

くわしい内容はホームページで。URL=http://www.tsukiji-shokan.co.jp/

●築地書館の本

犬と人の生物学

夢・うつ病・音楽・超能力

スタンレー・コレン［著］三木直子［訳］ 二二〇〇円＋税

犬の精神生活と社会生活に関する七一の疑問に答える。五〇年間、犬の行動について学び研究している心理学者が、誰もが知りたい犬の不思議な行動や知的活動を、人間と比較しながら解き明かす。

母なる自然があなたを殺そうとしている

ダン・リスキン［著］小山重郎［訳］ 二二〇〇円＋税

人の頭に取りついて成長しようとするハエの幼虫。人を刺して五分以内で死に至らしめる毒貝。母親の胎内で生まれる前の弟妹を食い殺すサメ。自然のダークサイドに魅了された科学者が、深遠な世界を案内する。

犬の科学

ほんとうの性格・行動・歴史を知る

スティーブン・ブディアンスキー［著］渡植貞一郎［訳］

◎7刷 二四〇〇円＋税

生物学、遺伝学、認知科学、神経生理学、心理学などが、犬にまつわるこれまでの常識をつくり替えようとしている。最新生物学が明かす、犬という生き物の進化戦略。

ミクロの森

1㎡の原生林が語る生命・進化・地球

D・G・ハスケル［著］三木直子［訳］ 二八〇〇円＋税

アメリカ・テネシー州の原生林の中。一平方メートルの地面を決めて、一年間通いつめた生物学者が描く、森の生きものたちのめくるめく世界。小さな自然から見えてくる遺伝、進化、生態系、地球、そして森の真実。